AF864112

经典天天读系列

科普卷

# 揭秘

# 科技的力量

崔钟雷 主编

吉林美术出版社|全国百佳图书出版单位

**图书在版编目(CIP)数据**

揭秘科技的力量 / 崔钟雷主编. -- 长春：吉林美术出版社，2014.1
(经典天天读系列. 科普卷)
ISBN 978-7-5386-6410-2

Ⅰ. ①揭… Ⅱ. ①崔… Ⅲ. ①科学技术－少儿读物 Ⅳ. ①N49

中国版本图书馆 CIP 数据核字（2014）第 018298 号

**书　　名：揭秘科技的力量**

---

| | |
|---|---|
| **策　　划** | 钟　雷 |
| **主　　编** | 崔钟雷 |
| **副 主 编** | 王丽萍　程晓波　刘志远 |
| **出 版 人** | 赵国强 |
| **责任编辑** | 栾　云 |
| **装帧设计** | 稻草人工作室 |
| **开　　本** | 787mm × 1092mm　1/16 |
| **字　　数** | 112 千字 |
| **印　　张** | 15 |
| **印　　数** | 1-6000 册 |
| **版　　次** | 2014 年 1 月第 1 版 |
| **印　　次** | 2014 年 2 月第 1 次印刷 |

---

| | |
|---|---|
| **出　　版** | 吉林美术出版社 |
| **发　　行** | 吉林美术出版社 |
| **地　　址** | 长春市人民大街 4646 号<br>邮编：130021 |
| **电　　话** | 图书经理部：0431-86037896 |
| **网　　址** | www.jlmspress.com |
| **印　　刷** | 延边新华印刷有限公司 |

---

ISBN 978-7-5386-6410-2　　定价：19.90 元

# 前言

牛顿曾用“站在巨人的肩膀上”解释自己取得巨大成就的原因，其实，牛顿取得如此大的成就离不开他对知识的无限渴求和对科学的不断探索。此时，当你翻开这本书，就像牛顿一样站在了巨人的肩膀上，这里收集了很多前人的研究成果和科学知识。通过阅读，你会了解著名的大数学家欧几里得对几何学的杰出贡献，你会分辨光的折射和反射的区别，你会掌握玩跷跷板的奥秘，甚至还能一眼认出牛郎和织女相会的地方。

本书分为数理知识、医疗奥秘、交通建设、宇宙奥秘和通讯发展等几个板块，用易懂的文字和简单的图片来揭示深刻的科学道理，为孩子们揭开生活中常见的科学技术的奥秘，讲述最新科技产品的构造和由来，文中设计了许多精美的小栏目，能开拓孩子的视野。在编排上，本书沿用百科图书的经典编排形式，采用注音版本，更方便了孩子的阅读。

一个掌握科学知识的人，才能更好地生活，更好地学习和成长。愿你合上这本书时，对这神奇的科学世界又多了一分了解。

编　者

# 目录

CONTENTS

## 第一章

## 数理化的世界

# 目录

CONTENTS

## 第四章

# 宇宙空间探秘

# 目录

CONTENTS

## 第六章

# 未来科技展望

# 揭秘

## 科技的力量

JINGDIAN TIANTIANDU XILIE

经典天天读系列

# 数理化的世界

## 第一章

# 数学中的符号

shù xué fú hào shì zài shù
数学符号是在数
xué zhōng biǎo shì shù hé shù zhī
学中表示数和数之
jiān xiāng hù guān xì de fú
间相互关系的符
hào xiàn zài zuì jī běn hé zuì
号，现在最基本和最
cháng yòng de jiù shì
常用的就是“+”“-”
sì zhǒng shù xué fú hào shì jì dé guó shù
“×”“÷”四种数学符号。15世纪，德国数
xué jiā wèi dé màn zhèng shì què dìng jiā hào yòng biǎo shì
学家魏德曼正式确定：加号用“+”表示，
jiǎn hào yòng biǎo shì shì měi guó de shù xué jiā ōu
减号用“-”表示。“×”是美国的数学家欧
dé lái què dìng de shì jì shí ruì shì shù xué jiā léi ēn zài
德莱确定的。17世纪时，瑞士数学家雷恩在

## 头脑风暴

虽然数学符号的发明和使用比数字要晚，但数量很多，目前常用的有二百多个，小学阶段除了加减乘除四则运算符号外，还有括号、等号、大于号和小于号等等。

▲乘法运算

▼意义不同的符号

tā suǒ zhù de dài shù xué
他所著的《代数学》

li zhèng shì jiāng
里，正式将“÷”

zuò wéi chú hào
作为除号。

# 金字塔中的数学

埃及的胡夫金字塔是世界上最大的金字塔。它原高146.5米，基底正方形的边原长233米，各底边长度的误差仅有1.6厘米，基底直角的误差只有12′。

### 三角板

三角板是画角时的工具。每副三角板由两个特殊的直角三角形组成，即等腰直角三角板和特殊角直角三角板。等腰直角三角板的两个锐角都是45°，而特殊角三角板的锐角分别是30°和60°。

智慧讲堂

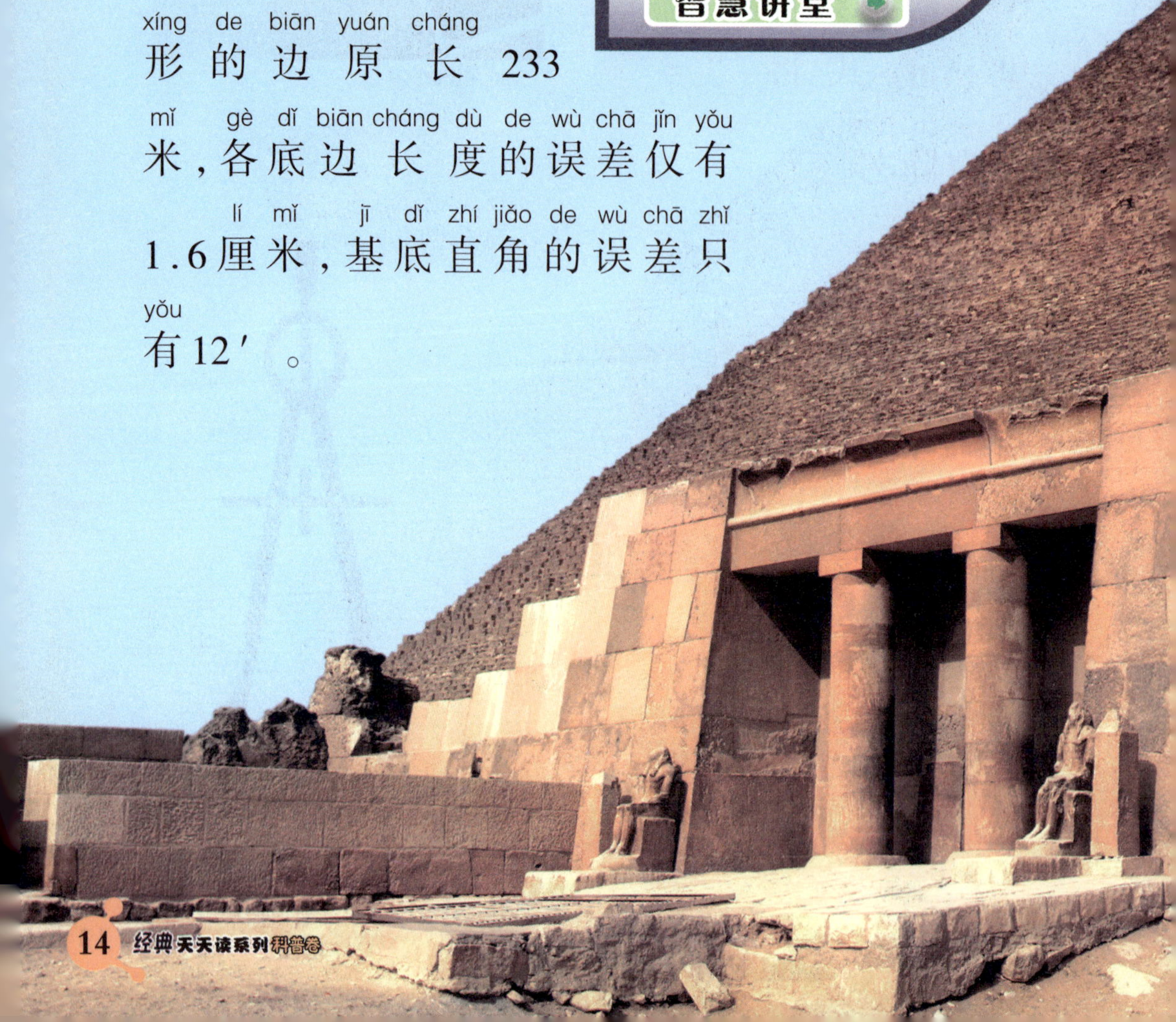

kē xué jiā men zhèng shí gǔ āi jí rén yǐ xué huì yòng shù
科学家们证实：古埃及人已学会用数
xué lái guǎn lǐ guó jiā shì wù jì suàn gǔ cāng de róng jī hé tián
学来管理国家事务，计算谷仓的容积和田
dì de miàn jī zhēng shōu àn tǔ dì miàn jī gū suàn chū de dì
地的面积，征收按土地面积估算出的地
shuì jì suàn jiàn zào fáng wū hé fáng yù gōng chéng suǒ xū yào de
税，计算建造房屋和防御工程所需要的
zhuān kuài shù liàng děng děng
砖块数量等等。

# 身份不同的数

在数学王国里，数字各有各的“身份”，身份不同的数字一起组成了数字家族。首先是自然数，1、2、3……就是自然数；其次是分数；然后是整数，整数包括零、正整数和负整数。整数和分数构成了有理数。除了有理数外，还有无理数。有理数和无理数统称为实数。

## 数字0

0既不是正数也不是负数，而是正数和负数之间的一个数。当某个数大于0时，称为正数；反之，当某个数小于0时，称为负数。汉字记做“零”是最小的自然数。

智慧讲堂

数学运算

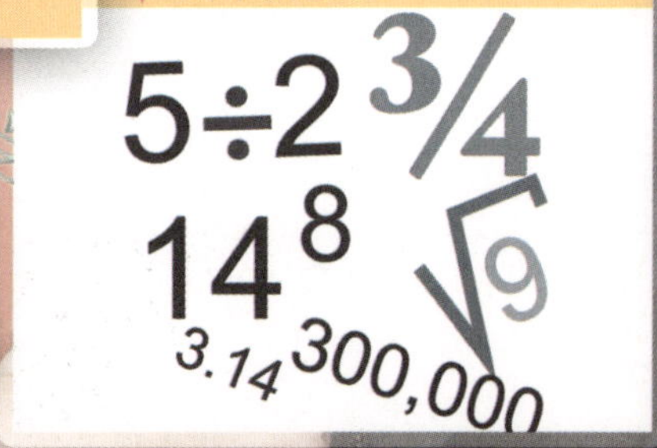


不同的数

# 不确定的无限数

人类在长期的生活、生产和实践中，逐渐建立了两种数的概念：无限大的概念和无限小的概念。人们借助射电望远镜，将宇宙的范围扩展到星系团、超星系团，以至总星系，它们的半径都在百万光年以上，这样就出现了无限大的概念。在微观世界，人类的认识也从分子到原子再到中子、质子、电子，然后是夸克……这样就出现了无限小的概念。

## 知识加油站

从小数点后某一位开始不断地重复出现前一个或一节数字的小数称为无限循环小数，而这个被重复的一个或一节数字则称为循环节。

# 上下有别的分数线

fēn shù xiàn kàn qi lai hěn pǔ tōng dàn tā de chū xiàn què jīng
分数线看起来很普通，但它的出现却经
lì le fēi cháng màn cháng de guò chéng shǒu xiān shì gǔ yìn dù rén
历了非常漫长的过程：首先是古印度人
duì fēn shù de jì fǎ tā men bǎ fēn zǐ jì zài shàng miàn fēn
对分数的记法，他们把分子记在上面，分

## 分数的基本性质

分子与分母同时乘或除以一个相同的数（0除外），分数的大小不变。

## 知识加油站

比萨的列奥纳多，又称斐波那契(1175~1250年)，是意大利著名的数学家，他是分数线的创始人。

mǔ jì zài xià miàn dài fēn shù de zhěng shù bù fen pái zài zuì shàng
母记在下面，带分数的整数部分排在最上
miàn zhè zhǒng jì fǎ duì shù xué fā zhǎn de yǐng xiǎng shì xiāng dāng
面，这种记法对数学发展的影响是相当
shēn yuǎn de hòu lái ā lā bó rén gēn jù gè guó duì fēn shù de
深远的。后来，阿拉伯人根据各国对分数的
biǎo shì fāng fǎ chuàng zào le xiàn zài de fēn shù xíng shì zhè yě
表示方法，创造了现在的分数形式，这也
shì ā lā bó rén duì shù xué fā zhǎn de gòng xiàn zhī yī
是阿拉伯人对数学发展的贡献之一。

# 最古老的几何学

jù zhōng guó zǎo qī de shù xué
据中国早期的数学

zhù zuò zhōu bì suàn jīng jì zǎi
著作《周髀算经》记载，

gōng yuán qián nián qián hòu shāng
公元前1000年前后商

gāo jiù zhī dào yìng yòng gōu sān gǔ sì
高就知道应用勾三股四

xián wǔ gōu gǔ dìng lǐ lái jìn xíng
弦五（勾股定理）来进行

cè liáng zhè bǐ gǔ xī là bì dá gē
测量，这比古希腊毕达哥

lā sī fā xiàn gōu gǔ dìng lǐ de shí
拉斯发现勾股定理的时

jiān yào zǎo nián zuǒ yòu
间要早500年左右。

gōng yuán qián shì jì ōu jǐ
公元前3世纪，欧几

lǐ dé biān zhù chū cháng dá juàn de
里得编著出长达13卷的

jǐ hé yuán běn qí nèi róng wán
《几何原本》，其内容完

shàn jié gòu yán jǐn zhè biāo zhì zhe
善、结构严谨，这标志着

jǐ hé xué yǐ jīng fā zhǎn chéng wéi yì
几何学已经发展成为一

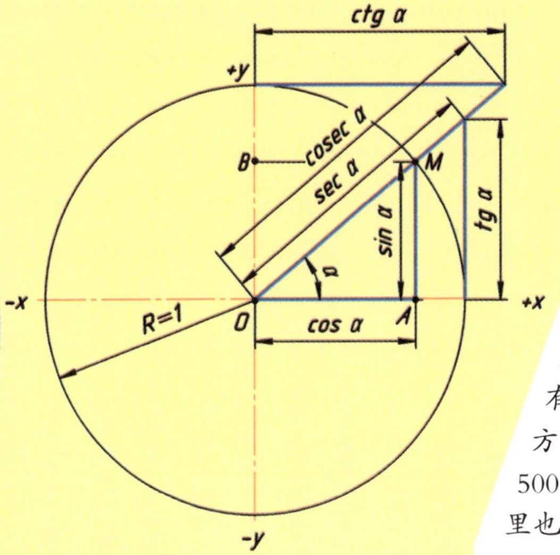


## 知识加油站

我国对几何学的研究也有悠久的历史。在公元前1000年前，我国的黑陶文化时期，陶器上的花纹就有菱形、正方形和圆内接正方形等许多几何图形。公元前500年，在墨翟所著的《墨经》里也有几何图形的一些知识。

mén bǐ jiào wán zhěng de chún cuì shù xué de lǐ lùn duì hòu
门比较完整的纯粹数学的理论，对后
shì de shù xué chǎn shēng le jí qí shēn yuǎn de yǐng xiǎng
世的数学产生了极其深远的影响。

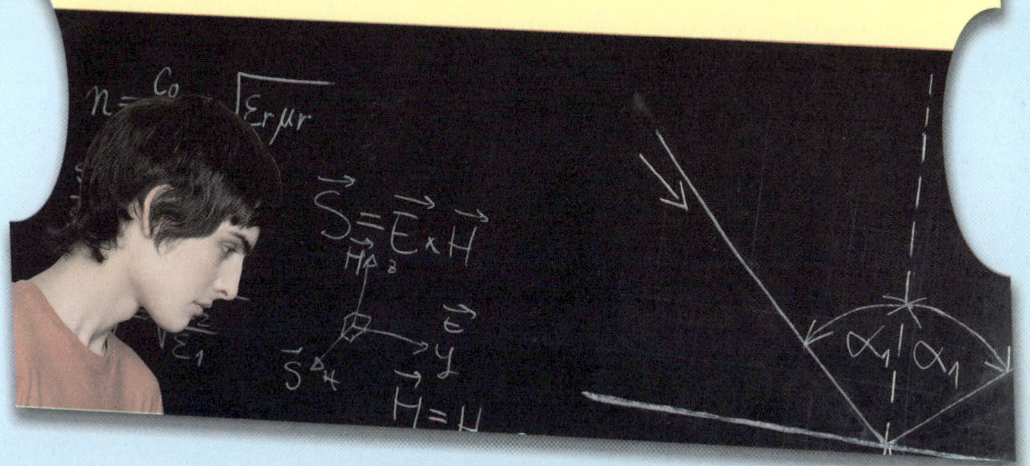

# 运动的三种方式

jī xiè yùn dòng shì wù tǐ wèi zhì fā shēng biàn huà de yùn
机械运动是物体位置发生变化的运
dòng tā yǒu sān zhǒng jī běn xíng shì píng dòng zhuàn dòng hé
动，它有三种基本形式：平动、转动和
zhèn dòng zài shí jì de yùn dòng dāng zhōng hěn duō shí hou wù tǐ
振动。在实际的运动当中，很多时候物体
de jǐ zhǒng yùn dòng xíng shì shì tóng shí jìn xíng bìng cún zài de rú
的几种运动形式是同时进行并存在的。如
xíng shǐ zài gōng lù shang de qì chē chē xiāng hé huò wù de yùn
行驶在公路上的汽车，车厢和货物的运
dòng xíng shì shì píng dòng chē lún de yùn dòng xíng shì shì zhuàn
动形式是平动；车轮的运动形式是转
dòng chē běn shēn suí zhe lù miàn de bù píng ér fā shēng de yùn
动；车本身随着路面的不平而发生的运
dòng shì zhèn dòng
动是振动。

## 知识加油站

物体之间或同一物体各部分之间相对位置随时间而变化的运动叫作机械运动，如地球的转动、弹簧的伸长和压缩等都是机械运动。

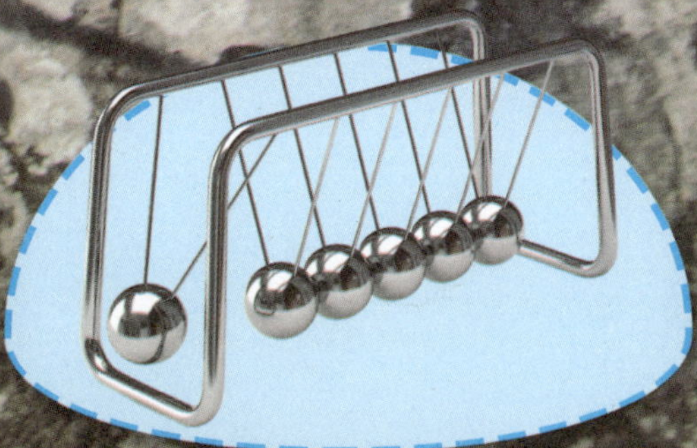

# 1 如影随形的重力

## 重力的应用

工人师傅在砌墙时，常常利用重锤线来检验墙身是否竖直，这是充分利用重力的方向是竖直向下这一原理；羽毛球的下端做得重一些，这是利用降低物体重心原理使球在下落过程中保护羽毛。

dì qiú duì zài tā shàng miàn
地球对在它上面

de wù tǐ yǒu yì zhǒng xiàng xià de
的物体有一种向下的

lā lì zhè zhǒng lì jiào zuò
拉力，这种力叫作

zhòng lì shù shang de pín
重力。树上的苹

guǒ zhǐ néng luò dào dì
果只能落到地

shang què bù néng fēi dào
上，却不能飞到

tiān kōng zhōng zhè shì yīn wèi tā men shòu dào le zhòng lì de zuò
天空中，这是因为它们受到了重力的作

yòng wù tǐ suǒ shòu zhòng lì de dà xiǎo jiào zuò zhòng liàng dì
用。物体所受重力的大小叫作重量。地

miàn shang wù tǐ de zhòng liàng bú shì gù dìng de zài liǎng jí shòu
面上物体的重量不是固定的。在两极受

dào de zhòng lì yì bān yào
到的重力一般要

bǐ chì dào fù jìn de dà
比赤道附近的大

xiē wù tǐ lí kāi dì miàn
些。物体离开地面

yuè gāo tā suǒ shòu dào de
越高，它所受到的

zhòng lì yuè xiǎo zhòng liàng
重力越小，重量

yě yuè qīng
也越轻。

跳水过程中，运动员在空中不断受到重力和引力的影响，其下降速度也会随之变化。

# 没有固定指向的压力

zài wù lǐ xué zhōng chuí zhí zuò yòng zài wù tǐ biǎo miàn de
在物理学中，垂直作用在物体表面的
lì jiào zuò yā lì yā lì shì yóu yú xiāng hù jiē chù de liǎng gè
力叫作压力。压力是由于相互接触的两个
wù tǐ hù xiāng jǐ yā fā shēng xíng biàn ér chǎn shēng de tā yǔ
物体互相挤压发生形变而产生的。它与
zhòng lì de chǎn shēng shì bù tóng de zhòng lì shì dì qiú zuò yòng
重力的产生是不同的，重力是地球作用
yú wù tǐ shì chuí zhí yú dì miàn de ér yā lì shì shī lì wù tǐ
于物体，是垂直于地面的；而压力是施力物体
zuò yòng yú shòu lì wù tǐ biǎo miàn de shì chuí zhí yú shòu lì wù tǐ
作用于受力物体表面的，是垂直于受力物体
biǎo miàn de dāng wù tǐ fàng zài shuǐ píng miàn shang qiě wú qí tā
表面的。当物体放在水平面上且无其他
wài lì zuò yòng shí yā lì yǔ zhòng lì dà xiǎo xiāng děng dāng wù
外力作用时，压力与重力大小相等；当物
tǐ fàng zài xié miàn shang shí yā lì xiǎo yú zhòng lì
体放在斜面上时，压力小于重力。

## 知识加油站

火车在两条铁轨上行驶，为什么不会陷入地下呢？这是因为铁架在枕木上，枕木之间还铺满了石子，压力分散了。货物装得再满，跑得再快，火车也能平平稳稳地行驶，而不会陷下去。

## 化石足印

化石上的足印是其未形成化石前出现的，经过一系列地质及环境变化后形成的。

# 神奇的 浮力

jìn zài yè tǐ huò qì tǐ li de wù tǐ shòu dào yè tǐ huò
浸在液体或气体里的物体受到液体或
qì tǐ xiàng shàng tuō de lì jiào zuò fú lì fú lì de chǎn shēng
气体向上托的力叫作浮力。浮力的产生
yuán yīn shì yīn wèi wù tǐ xià biǎo miàn shòu dào xiàng shàng de yā lì
原因是因为物体下表面受到向上的压力
dà yú wù tǐ shàng biǎo miàn shòu dào de xiàng xià de yā lì
大于物体上表面受到的向下的压力。

jìn zài yè tǐ zhōng de wù tǐ dāng tā suǒ shòu de fú lì
浸在液体中的物体，当它所受的浮力
dà yú zhòng lì shí wù tǐ shàng fú dāng tā suǒ shòu de fú lì
大于重力时，物体上浮；当它所受的浮力
xiǎo yú suǒ shòu de zhòng lì shí wù tǐ xià chén dāng tā suǒ shòu
小于所受的重力时，物体下沉；当它所受
de fú lì yǔ suǒ shòu de
的浮力与所受的
zhòng lì xiāng děng shí
重力相等时，
wù tǐ xuán fú zài yè tǐ
物体悬浮在液体
zhōng quán bù jìn mò
中（全部浸没
zài shuǐ zhōng huò piāo fú
在水中）或漂浮
zài yè tǐ biǎo miàn shang
在液体表面上。

人体漂浮的想象图

水的浮力

## 曹冲称象

1 700 前，7 岁的曹冲就曾利用浮力原理称过大象的体重。阿基米德发现浮力原理比曹冲要早 500 年，可是他的原理传入中国是在曹冲死后 1 400 多年的 1627 年，因此说明曹冲是独立发现并应用浮力原理的。

智慧讲堂

# 利弊共存的 摩擦力

xiāng hù jiē chù de wù tǐ zài jiē chù miàn shang fā shēng de
相互接触的物体在接触面上发生的
zǔ ài xiāng duì yùn dòng de xiàn xiàng jiào zuò mó cā zài wǒ men de
阻碍相对运动的现象叫作摩擦。在我们的
rì cháng shēng huó zhōng mó cā xiàn xiàng suí chù kě jiàn mó cā
日常生活中，摩擦现象随处可见。摩擦
lì gěi wǒ men de shēng huó dài lái le fāng biàn shǒu néng ná zhù
力给我们的生活带来了方便，手能拿住

## 摩擦力分类

固体表面之间的摩擦力分滑动摩擦、滚动摩擦、滚压摩擦和转动摩擦。

## 知识加油站

如果没有摩擦力，那奔驰的火车、汽车，海上的轮船，空中的飞机，就会犹如脱缰的野马，永远也停不下来。即使关了油门，刹车也毫无作用，这些车辆会任其本身固有的惯性互相撞击，直至粉身碎骨。

bēi zi shì yīn wèi shǒu hé bēi zi zhī jiān de mó cā lì dōng tiān
杯子是因为手和杯子之间的摩擦力，冬天
zài jié bīng de lù miàn shang sǎ yì xiē shā zi kě yǐ zēng dà mó
在结冰的路面上撒一些沙子，可以增大摩
cā lì fáng zhǐ qì chē dǎ huá dàn tóng shí mó cā lì yě huì gěi
擦力，防止汽车打滑。但同时摩擦力也会给
rén men dài lái yì xiē má fan rú wà zi chuān jiǔ le jiù huì mó
人们带来一些麻烦，如袜子穿久了就会磨
pò gè zhǒng jī qì yùn zhuǎn shí xū yào jīng cháng jiā rùn huá yóu
破，各种机器运转时需要经常加润滑油，
jiǎn shǎo mó sǔn děng
减少磨损等。

# 万有引力定律

yīng guó kē xué jiā niú dùn shòu pín guǒ luò dì de qǐ shì fā
英国科学家牛顿受苹果落地的启示发
xiàn le wàn yǒu yǐn lì dìng lǜ niú dùn rèn wéi pín guǒ luò dì shì
现了万有引力定律。牛顿认为：苹果落地是
yīn wèi pín guǒ yǔ dì qiú zhī jiān yǒu xī yǐn lì zhè zhǒng xī yǐn
因为苹果与地球之间有吸引力。这种吸引
lì bú dàn cún zài yú pín guǒ hé dì qiú zhī jiān ér qiě cún zài yú
力不但存在于苹果和地球之间，而且存在于
dì qiú yǔ tài yáng zhī jiān dì qiú yǔ yuè liang zhī jiān děng děng
地球与太阳之间，地球与月亮之间等等，
wàn yǒu yǐn lì cún zài yú suǒ yǒu de wù tǐ zhī jiān wù tǐ zhī jiān
万有引力存在于所有的物体之间。物体之间
wàn yǒu yǐn lì de dà xiǎo shòu wù tǐ de zhì liàng yǐng xiǎng wù
万有引力的大小，受物体的质量影响，物
tǐ de zhì liàng yuè dà bǐ cǐ zhī jiān de yǐn lì yě jiù yuè dà
体的质量越大，彼此之间的引力也就越大。

## 知识加油站

牛顿是英国伟大的物理学家、数学家、天文学家和自然哲学家。万有引力就是牛顿最先发现的，此外，他在力学和光学还有着很多重要的贡献。

牛顿画像

# 做功帮手——杠杆原理

zài rì cháng shēng huó zhōng
在日常生活中，
rén men wú fǎ yòng shǒu cóng mù tou
人们无法用手从木头
lǐ bá chū dīng zi jiù huì jiè zhù gōng
里拔出钉子就会借助工
jù jí shǐ shì dà lì
具；即使是大力
shì yě hěn nán bǎ jǐ bǎi
士，也很难把几百
qiān kè de zhòng wù jǔ
千克的重物举
dào gāo chù dàn rú guǒ
到高处，但如果
jiè zhù gōng jù nà jiù
借助工具，那就
qīng ér yì jǔ le zhè
轻而易举了。这
xiē gōng jù dōu shì àn zhào
些工具都是按照
gàng gǎn yuán lǐ zhì zuò
杠杆原理制作
de gàng gǎn yuán lǐ jiù
的。杠杆原理就
shì yào shǐ yí gè wù tǐ rào zhe gù
是：要使一个物体绕着固

## 知识加油站

杠杆原理在生活中的应用现象十分普遍，如羊角锤、瓶盖起、老虎钳、起子、手推车、筷子、镊子、钓鱼竿、脚踏板、扫帚、船桨、剪刀、天平、滑轮等。

dìng zhóu zhuàn dòng shí yòng
定轴转动时，用
tóng yàng dà de lì zuò yòng zài
同样大的力作用在
wù tǐ shang lì de zuò yòng
物体上，力的作用
diǎn lí zhóu yuè yuǎn chǎn shēng
点离轴越远产生
de zhuàn dòng xiào guǒ jiù yuè
的转动效果就越
xiǎn zhù
显著。

# 物质

## 三态

### 水的沸点和冰点

在一般情况下，即标准大气压下，水的沸点是100℃，超过100℃，液态的水便会沸腾，并有一部分变为水蒸气；水的冰点为0℃，低于0℃便会凝固成固态的冰。

wù zhì zài yì bān qíng kuàng
物质在一般情况
xià wù zhì dōu yǒu sān tài rú
下，物质都有三态，如
shuǐ de sān tài wéi bīng shuǐ shuǐ
水的三态为：冰、水、水

zhēng qì qí wài zài biǎo
蒸气，其外在表
xiàn fēn bié wéi gù tǐ yè
现分别为固体、液
tǐ hé qì tǐ yuán zǐ shí
体和气体。原子时

dài chū xiàn le qí tā wù zhì xíng tài rú yǒu xiē gù tǐ nèi bù de
代出现了其他物质形态，如有些固体内部的
fēn zǐ huò yuán zǐ yǐ guī zé duì chèn zhōu qī xìng de jié gòu
分子或原子以规则、对称、周期性的结构
zhuàng tài chū xiàn jí jié jīng tài hái yǒu yì xiē yǒu jī wù zhì
状态出现，即结晶态；还有一些有机物质，
jì jù yǒu yè tǐ de liú dòng
既具有液体的流动
xìng yòu jù yǒu jīng tǐ de
性，又具有晶体的
guāng xué tè xìng zhè zhǒng jiè
光学特性，这种介
yú yè tài hé jīng tǐ zhī jiān de
于液态和晶体之间的
zhuàng tài chēng wéi yè jīng tài
状态称为液晶态。

液体是四大物质形态之一。它没有确定的形状，往往受容器影响。但它的体积在压力及温度不变的环境下，是固定不变的。

# 升华与凝华

yè tǐ zhēng fā néng biàn chéng qì tǐ gù tǐ yě néng zhí
液体蒸发能变成气体，固体也能直
jiē biàn chéng qì tǐ wù zhì cóng gù tài zhí jiē biàn chéng qì tài
接变成气体。物质从固态直接变成气态
de guò chéng jiào zuò shēng huá dōng tiān fàng zài shì wài de yī fu
的过程叫作升华。冬天，放在室外的衣服
jí shǐ jié le bīng yě néng gān jiù shì yīn wèi yī fu shang de bīng
即使结了冰也能干就是因为衣服上的冰
shēng huá biàn chéng shuǐ zhēng qì wù zhì cóng qì tài zhí jiē biàn
升华变成水蒸气。物质从气态直接变
chéng gù tài de guò chéng jiào zuò níng huá xíng chéng níng huá de tiáo
成固态的过程叫作凝华。形成凝华的条
jiàn bǐ jiào tè shū yì bān shì yāo qiú qì tǐ de nóng dù yào dá dào
件比较特殊，一般是要求气体的浓度要达到

## 知识加油站

用久的电灯泡会从透明变成黑色，是因为在电灯泡工作时发热，钨丝受热升华形成的钨蒸气又在灯泡壁上遇冷凝华成极薄的一层固态钨；冬天窗户上出现霜花也是凝华现象，是室内的水蒸气在窗玻璃上凝华成了小冰晶。

一定的要求，温度要低于凝点的温度，如冬季时，室内窗户玻璃上的霜花和从冰箱中拿出的冰棍上结出的霜都是凝华现象。

# 无处不在的蒸发

洗过的湿衣服晾在屋子里，一段时间后衣服就会变干；烧水时会有水蒸气从水壶里冒出来；放一盆水在屋子里，几天后水会变少。这些现象都是因为水变成水蒸气跑出来了。这种物质从液态变成气态的过程叫作汽化。只在液体表面发生的汽化现象叫作蒸发。蒸发时，液体温度随着蒸发而降低。

▲水的蒸发现象

▼水蒸气

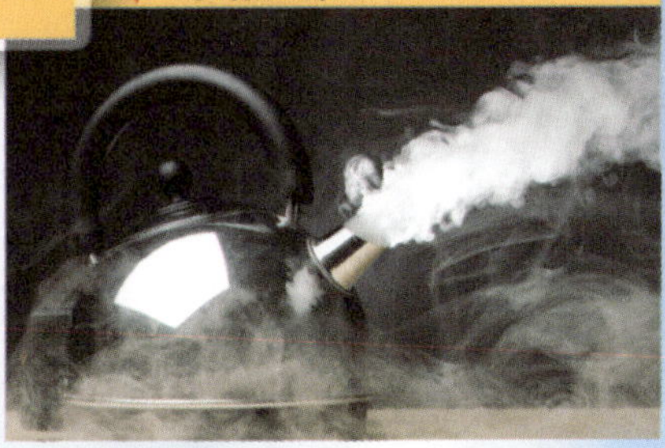

## 液体蒸发

在任何温度下，分子都在不断地运动，液体中总有一些速度较大的分子能够飞出液面脱离束缚而成蒸发，所以液体在任何温度下都能蒸发。液体的温度越高，蒸发得就越快。

智慧讲堂

# 热胀冷缩

wù tǐ yì bān dōu
物体一般都
yǒu rè zhàng lěng suō de
有热胀冷缩的
xìng zhì rén men kě yǐ
性质，人们可以
gēn jù wù tǐ rè zhàng
根据物体热胀
lěng suō de xìng zhì zài
冷缩的性质，在
rì cháng de shēng huó hé
日常的生活和
shēng chǎn zhōng jiā yǐ guǎng fàn lì yòng lì rú xià jì ān
生产中加以广泛利用。例如，夏季安
zhuāng gāo yā shū diàn xiàn de shí hou diàn xiàn yì bān lā de bǐ jiào
装高压输电线的时候，电线一般拉得比较

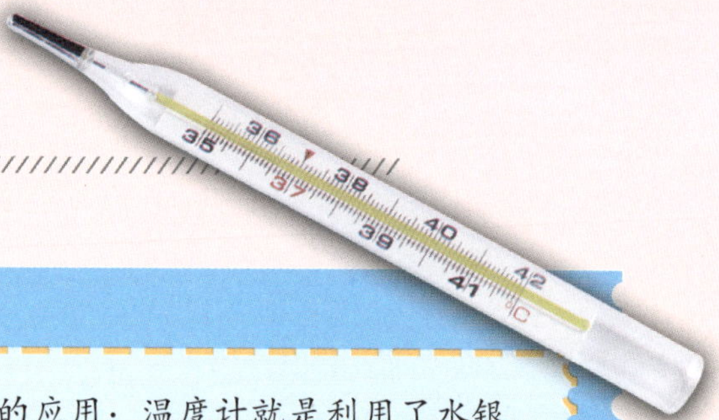

## 头脑风暴

热胀冷缩在生活中的应用：温度计就是利用了水银、酒精冷缩热胀的特性；拧不下的金属瓶盖放在热水里浸一会，瓶盖就很容易拧开了；踩扁的乒乓球用热水烫烫就鼓起来了。

sōng　yǐ miǎn dōng
松，以免冬

tiān qì wēn xià jiàng
天气温下降

shí　diàn xiàn shōu suō
时，电线收缩

biàn duǎn ér duàn
变短而断

liè　shāo kāi shuǐ de
裂。烧开水的

shí hou　shuǐ hú li
时候，水壶里

de shuǐ bù néng zhuāng de tài mǎn　fǒu zé shuǐ kāi de shí hou huì yīn
的水不能装得太满，否则水开的时候会因

wèi shòu rè péng zhàng ér yì chū
为受热膨胀而溢出。

# 沸点

沸腾是在液体表面和内部同时进行的剧烈的汽化过程。液体的温度升高到一个固定值，即沸点时液体就会沸腾。沸点随外界压力的增大而升高。液体沸腾时，其内部和器壁上的小气泡起着汽化核的作用。如果液体过于纯净，缺乏小气泡，则温度高于沸点时仍不沸腾。这种液体称为过热液体。过热液体并不稳定，稍有震动或杂质进入便立即诱发沸腾，温度降回到沸点。

## 知识加油站

专家提醒，用微波炉加热过的水，尽量不要搅拌、摇晃，因为在搅拌及摇晃的同时，其实就是突然改变了水的环境，杯中的水有可能会瞬间沸腾。微波炉加热过的液体应尽量多放置一会再使用，避免烫伤。

▲利用太阳能加热的太阳能热水器

# 摩擦起电

zài kōng qì gān zào de tiáo jiàn xià yòng sù liào shū zi shū
在空气干燥的条件下，用塑料梳子梳
tóu hòu jiāng shū zi kào jìn xiǎo zhǐ piàn néng bǎ xiǎo zhǐ piàn xī
头后，将梳子靠近小纸片，能把小纸片吸
qi lai zhè zhǒng wù tǐ jīng guò mó cā hòu néng xī yǐn qīng xiǎo wù
起来。这种物体经过摩擦后能吸引轻小物
tǐ de xiàn xiàng jiào zuò mó cā qǐ diàn mó cā qǐ diàn bìng bú shì
体的现象叫作摩擦起电。摩擦起电并不是
chuàng zào le diàn zhǐ shì shǐ diàn zǐ cóng yí gè wù tǐ zhuǎn yí
创造了电，只是使电子从一个物体转移

## 电池的优势

电池具有稳定电压，稳定电流，长时间稳定供电的优势。

## 知识加油站

在日常生活中，我们经常会碰到摩擦起电的现象，比如我们在使用塑料木梳梳头的时候会发现，当木梳离开头发一定距离后，头发会被木梳吸引，这就是最简单的摩擦起电现象了。

dào lìng wài yí gè wù tǐ shang
到另外一个物体上。

mó cā qǐ diàn shǐ dé dào diàn zǐ de wù tǐ dài fù diàn
摩擦起电使得到电子的物体带负电，
shī qù diàn zǐ de wù tǐ dài zhèng diàn yīn cǐ yuán lái bú dài
失去电子的物体带正电。因此，原来不带
diàn de liǎng gè wù tǐ mó cā qǐ diàn shí tā men suǒ dài de diàn
电的两个物体摩擦起电时，它们所带的电
liàng zài shù zhí shang bì rán xiāng děng
量在数值上必然相等。

# 静电

## 感应

▲静电感应装置

jìng diàn gǎn yìng
静电感应
shì dǎo tǐ shòu dài diàn
是导体受带电
tǐ yǐng xiǎng shǐ qí biǎo
体影响使其表
miàn bù tóng bù fen chū
面不同部分出
xiàn zhèng fù diàn hè
现正、负电荷
de xiàn xiàng zài dài diàn tǐ chǎn shēng de wài diàn chǎng de yǐng
的现象。在带电体产生的外电场的影
xiǎng xià dǎo tǐ nèi de zì yóu diàn zǐ zǒu xiàng piāo yí shǐ wù
响下，导体内的自由电子走向漂移，使物
tǐ liǎng duān chū xiàn zhèng fù diàn hè bìng chǎn shēng fù jiā diàn
体两端出现正、负电荷，并产生附加电
chǎng jìng diàn bìng bú shì
场。静电并不是
jìng zhǐ de diàn shì hóng
静止的电，是宏
guān shang zàn shí tíng liú
观上暂时停留
zài mǒu chù de diàn rén
在某处的电。人
zài dì tǎn huò shā fā shang
在地毯或沙发上

### 静电

见面握手时，手指刚一接触到对方，突然感到指尖针刺般刺痛；梳头时，头发会经常“飘”起来，越理越乱；拉门把手、开水龙头时都会“触电”，发出“啪、啪”的声响，这都是因为人体有静电。

智慧讲堂

zhàn lì shí rén tǐ diàn
站立时，人体电
yā yě kě gāo dá yí wàn
压也可高达一万
duō fú ér xiàng jiāo hé
多伏，而橡胶和
sù liào bó mó zhì zào háng
塑料薄膜制造行
yè de jìng diàn gèng shì kě
业的静电更是可
gāo dá shí duō wàn fú
高达十多万伏。

## 感应起电机

感应起电机旋转盘由两块圆形有机玻璃叠在一起组成，中间有空隙；每块向外的表面上都贴有铝片，铝片以圆心为中心对称分布。

# 折射和色散

光线弯折被称为（光的）折射。折射的大小程度，与不同密度物质中的光速差别有关：两者密度差别越大，光的传播速度改变就越大，光的弯折程度也越大。

1672年，牛顿在实验中得出结论：三棱镜能将白光分解成色谱，是由于不同颜色的光在棱镜（玻璃）中的光速不同，

## 知识加油站

雨后，在朝着太阳一侧的天空上常常会出现彩虹。形成彩虹的原因是下雨以后，天上悬浮着很多极小的水滴，太阳光沿着一定角度射入，这些小水滴就发生了色散，朝着小水滴看过去，就会出现彩虹。

měi zhǒng sè guāng shè rù yǔ shè chū léng jìng shí de wān zhé zhé
每种色光射入与射出棱镜时的弯折（折

shè chéng dù yě bù tóng bái guāng bèi fēn jiě chéng sè pǔ de
射）程度也不同。白光被分解成色谱的

xiàn xiàng chēng wéi sè sàn
现象称为色散。

光的折射

# 光的折射

## 光的折射

当我们把玻璃杯里装满水，并把一根筷子放进水杯后，就会看见玻璃杯里的筷子好像是弯曲的，这就是因为光的折射所导致的。

guāng cóng yì zhǒng méi jiè
光 从 一 种 媒 介
jìn rù lìng yì zhǒng méi jiè jiù huì
进 入 另 一 种 媒 介，就 会
fā shēng guāng de zhé shè xiàn xiàng
发 生 光 的 折 射 现 象，

zhé shè huì gǎi biàn guāng de
折 射 会 改 变 光 的
fāng xiàng wǒ men zhī suǒ yǐ
方 向 。我 们 之 所 以

能够看到周围的东西，也与我们的眼睛能够折射光线有关。人的眼球里有一种液体状的物质，它的折射率比空气的折射率要大许多。因此，人的眼睛就像一个球形透镜，能够折射光线，使我们看到周围的东西。

当光在玻璃中传播时，如果从玻璃射向空气的入射角大于临界角，光就会发生全反射，于是光在玻璃棒内沿着锯齿形路线传播。

# 光的反射

guāng yù dào shuǐ miàn bō li
光遇到水面、玻璃
yǐ jí qí tā xǔ duō wù tǐ de biǎo
以及其他许多物体的表
miàn dōu huì fā shēng fǎn shè guāng zài
面都会发生反射。光在
liǎng zhǒng wù zhì fēn jiè miàn shang gǎi
两种物质分界面上改
biàn chuán bō fāng xiàng yòu fǎn huí yuán
变传播方向又返回原
lái wù zhì zhōng de xiàn xiàng jiào zuò
来物质中的现象，叫作
guāng de fǎn shè guāng zài fǎn shè
光的反射。光在反射
shí rù shè jiǎo yǔ fǎn shè jiǎo de dà
时，入射角与反射角的大
xiǎo xiāng děng
小相等。

cǐ wài dāng píng xíng guāng xiàn
此外，当平行光线
shè dào āo tū bù píng de biǎo miàn
射到凹凸不平的表面
shang shí fǎn shè guāng xiàn huì shè
上时，反射光线会射
xiàng gè gè fāng xiàng zhè zhǒng fǎn
向各个方向，这种反

## 知识加油站

晴天的时候，我们拿着镜子，面向太阳就会在远处看到一个光点，并且随着调整镜子的与太阳的角度，光点还会移动位置，这就是光的反射的典型例子。

shè jiào zuò màn fǎn shè ér duì mó de hěn píng qiě guāng huá
射叫作漫反射；而对磨得很平且光滑

de biǎo miàn yí shù píng xíng guāng shè dào biǎo miàn shang
的表面，一束平行光射到表面上，

fǎn shè guāng yǐ tóng yì fāng xiàng píng
反射光以同一方向平

xíng fǎn shè zhè
行反射，这

zhǒng fǎn shè jiào zuò
种反射叫作

jìng miàn fǎn shè
镜面反射。

# 激光

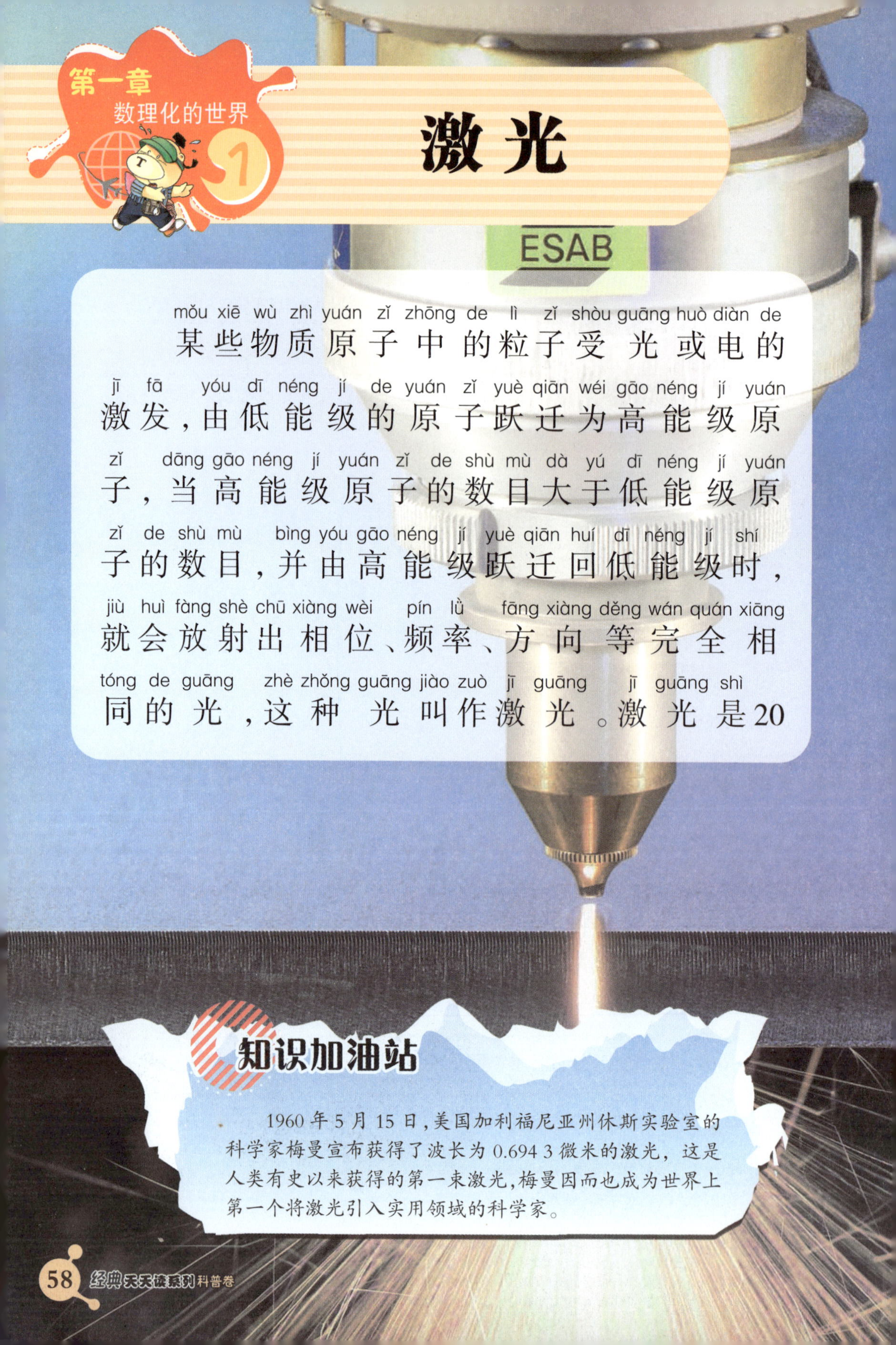


某些物质原子中的粒子受光或电的激发，由低能级的原子跃迁为高能级原子，当高能级原子的数目大于低能级原子的数目，并由高能级跃迁回低能级时，就会放射出相位、频率、方向等完全相同的光，这种光叫作激光。激光是20

## 知识加油站

1960 年 5 月 15 日，美国加利福尼亚州休斯实验室的科学家梅曼宣布获得了波长为 0.694 3 微米的激光，这是人类有史以来获得的第一束激光，梅曼因而也成为世界上第一个将激光引入实用领域的科学家。

shì jì yǐ lái jì yuán zǐ néng jì suàn jī bàn dǎo tǐ zhī
世纪以来，继原子能、计算机、半导体之
hòu rén lèi de yòu yí zhòng dà fā míng bèi chēng wéi zuì kuài
后，人类的又一重大发明，被称为“最快
de dāo zuì zhǔn de chǐ zuì liàng de guāng hé qí
的刀”、“最准的尺”、“最亮的光”和“奇
yì de jī guāng tā de liàng dù yuē wéi tài yáng guāng de
异的激光”。它的亮度约为太阳光的100
yì bèi
亿倍。

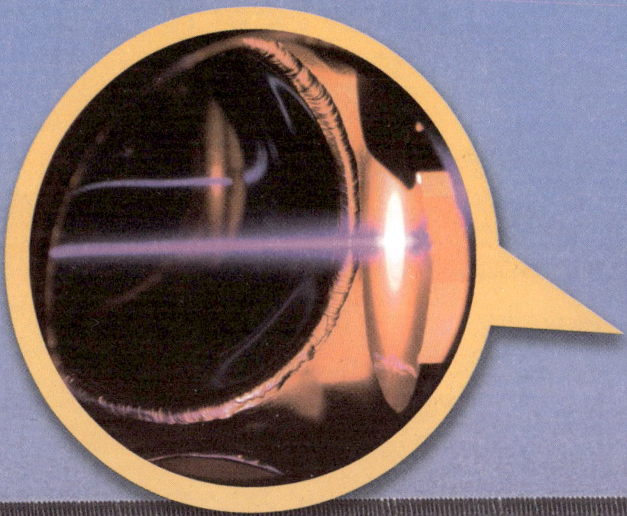

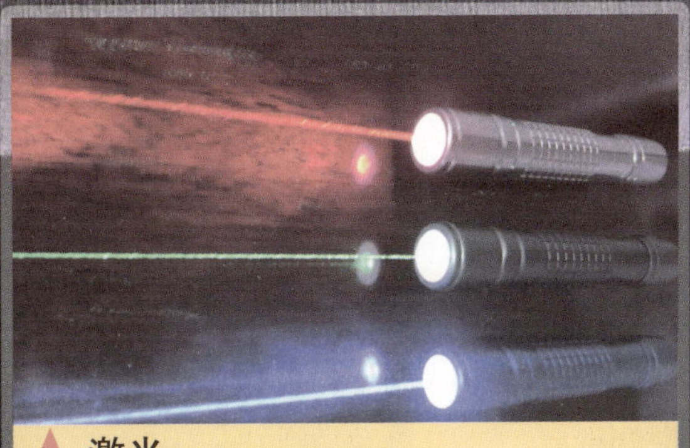

激光

# 光导纤维

guāng yǐ bō dǎo fāng shì zài qí zhōng chuán shū de guāng xué
光以波导方式在其中传输的光学
jiè zhì cái liào jiào zuò guāng dǎo xiān wéi guāng dǎo xiān wéi shì yì
介质材料，叫作光导纤维。光导纤维是一
zhǒng tòu míng de bō li xiān wéi sī zhí jìng zhǐ yǒu wēi mǐ
种透明的玻璃纤维丝，直径只有1微米~100
wēi mǐ zuǒ yòu tā shì yóu nèi xīn hé wài tào liǎng céng zǔ chéng
微米左右。它是由内芯和外套两层组成，
nèi xīn de zhé shè lǜ dà yú wài tào de zhé shè lǜ guāng yóu yì
内芯的折射率大于外套的折射率，光由一

## 石英

石英的主要成分是二氧化硅，是一种半透明或不透明的晶体，一般乳白色，质地坚硬。

## 知识加油站

光纤照明是一种新型的装饰技术，这种技术广泛应有在室内装饰中，样子美观、维护简单。下图便是光纤照明装饰中最简单的一种，在漆黑的环境中，散射出点点荧光，营造出一种温馨浪漫的气氛。

duān jìn rù zài nèi xīn hé wài tào de jiè miàn shang jīng duō cì
端进入，在内芯和外套的界面上经多次
quán fǎn shè cóng lìng yì duān shè chū mù qián guāng dǎo xiān wéi
全反射，从另一端射出。目前，光导纤维
de zhǔ yào chéng fèn shì èr yǎng huà guī zhǐ yǔn xǔ chuán shū yí gè
的主要成分是二氧化硅。只允许传输一个
mó shì guāng bō de guāng dǎo xiān wéi chēng wéi dān mó guāng dǎo xiān
模式光波的光导纤维称为单模光导纤
wéi yǔn xǔ tóng shí chuán shū duō gè mó shì guāng bō de guāng dǎo
维；允许同时传输多个模式光波的光导
xiān wéi chēng wéi duō mó guāng dǎo xiān wéi
纤维称为多模光导纤维。

# X射线

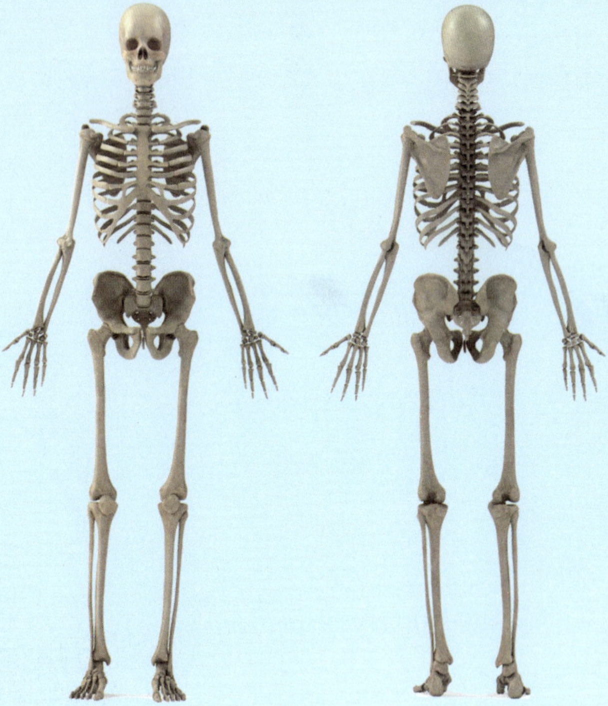

shè xiàn shì
X射线是
yì zhǒng bō cháng hěn
一种波长很
duǎn de diàn cí fú
短的电磁辐
shè yóu dé guó wù lǐ
射，由德国物理
xué jiā lún qín yú
学家伦琴于
nián fā xiàn
1895年发现，
gù yòu chēng lún qín shè
故又称伦琴射
xiàn shè xiàn jù yǒu
线。X射线具有
hěn gāo de chuān tòu běn lǐng néng tòu guò xǔ duō duì kě jiàn guāng
很高的穿透本领，能透过许多对可见光
bú tòu míng de wù zhì
不透明的物质，
rú mò zhǐ mù liào děng
如墨纸、木料等。
zhè zhǒng ròu yǎn kàn bu jiàn
这种肉眼看不见
de shè xiàn kě yǐ shǐ hěn
的射线可以使很

**X光片**

在进行身体检查的众多项目中，X光片是最直观的一种，医生可以通过对X光片的观察，检测出身体中某些部位是否存在着病变或具有潜在的病变的可能。

**智慧讲堂**

duō gù tǐ cái liào fā chū kě jiàn de yíng guāng shǐ zhào xiàng dǐ
多固体材料发出可见的荧光，使照相底

piàn gǎn guāng yǐ jí kōng qì diàn lí děng xiào yìng bō cháng xiǎo
片感光以及空气电离等效应。波长小

yú āi de chēng wéi chāo yìng shè xiàn zài āi āi
于0.1埃的称为超硬X射线，在0.1埃~1埃

fàn wéi nèi de chēng wéi
范围内的称为

yìng shè xiàn āi
硬X射线，1埃~

āi fàn wéi nèi de
10埃范围内的

chēng wéi ruǎn shè xiàn
称为软X射线。

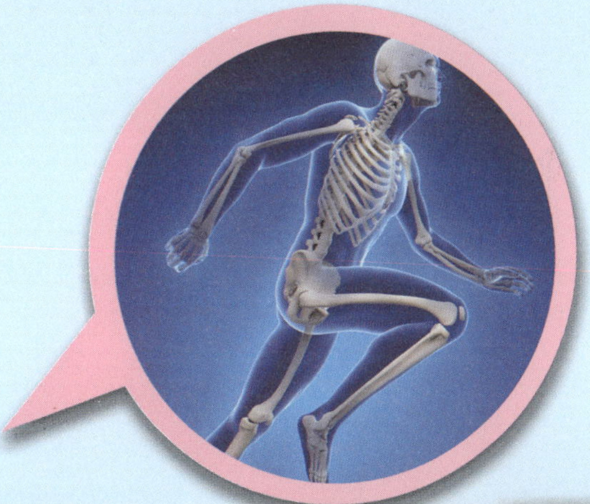

# 指示剂

huà xué shì jì zhōng de yí
化学试剂中的一
lèi tōng cháng shì yǒu jī ruò suān huò
类，通常是有机弱酸或
yǒu jī ruò jiǎn zài yí dìng jiè zhì tiáo
有机弱碱。在一定介质条
jiàn xià qí yán sè néng fā shēng biàn
件下，其颜色能发生变
huà néng chǎn shēng hùn zhuó huò chén
化、能产生混浊或沉
diàn yǐ jí yíng guāng xiàn xiàng děng
淀，以及荧光现象等。
rén men cháng yòng tā jiǎn yàn róng yè
人们常用它检验溶液
de suān jiǎn xìng huò zài huán jìng jiǎn cè
的酸碱性或在环境检测
zhōng jiǎn yàn yǒu hài wù yì bān fēn
中检验有害物。一般分
wéi suān jiǎn zhǐ shì jì yǎng huà huán
为酸碱指示剂、氧化还
yuán zhǐ shì jì jīn shǔ zhǐ shì jì
原指示剂、金属指示剂、
xī fù zhǐ shì jì děng rú guǒ dī
吸附指示剂等。如果滴
dìng jì huò bèi dī dìng wù zhì shì yǒu
定剂或被滴定物质是有

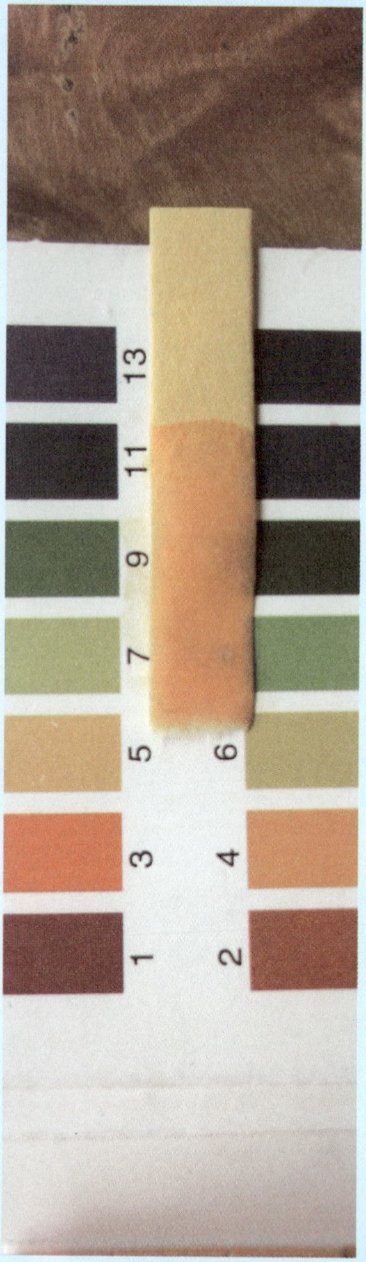

## 知识加油站

pH 试纸是一种最常见的一种指示剂，将 pH 试纸的一部分浸入待测液体或在 pH 试纸上滴上待测液体，一段时间后 pH 试纸便会产生反应，将其与 pH 值对比表进行对比便可得到待测液体的酸碱度了。

sè de nà tā men zì shēn jiù jù yǒu zhǐ shì jì de zuò
色的，那它们自身就具有指示剂的作
yòng rú gāo měng suān jiǎ
用，如高锰酸钾。

pH值色度差别表

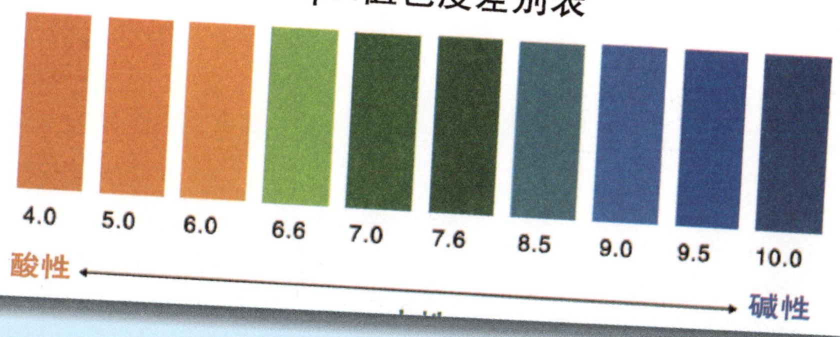

# 催化剂

dāng dài de huà
当代的化
xué jiā men fā xiàn yǒu
学家们发现有
yì xiē wù zhì néng shǐ
一些物质，能使
yuán běn fǎn yìng hěn màn
原本反应很慢
shèn zhì jī hū gēn běn bù néng fǎn yìng de liǎng zhǒng wù zhì fā shēng
甚至几乎根本不能反应的两种物质发生
jù liè de huà xué fǎn yìng jù yǒu zhè zhǒng xìng zhì de wù zhì bèi
剧烈的化学反应，具有这种性质的物质被
chēng wéi cuī huà jì
称为催化剂。

yì bān lái shuō cuī huà jì shì zhǐ cān yǔ huà xué fǎn yìng guò
一般来说，催化剂是指参与化学反应过
chéng yòu néng xuǎn zé xìng de gǎi biàn huà xué fǎn yìng sù lǜ ér
程又能选择性地改变化学反应速率，而

## 头脑风暴

催化剂的发现，极大地促进了化学工业的发展。人类大量生产的化肥、农药，以及在现代工业中举足轻重的合成纤维、合成橡胶和塑料等，都是在催化剂被发现之后才合成出来的。

qí běn shēn de shù
其本身的数
liàng hé huà xué xìng
量和化学性
zhì zài fǎn yìng qián
质在反应前
hòu jī běn bǎo chí
后基本保持
bú biàn de wù zhì tōng cháng rén men bǎ cuī huà jì jiā sù huà xué
不变的物质。通常人们把催化剂加速化学
fǎn yìng shǐ fǎn yìng jìn kuài dá dào huà xué píng héng de zuò yòng jiào
反应，使反应尽快达到化学平衡的作用叫
zuò cuī huà zuò yòng
作催化作用。

探索

# 新元素

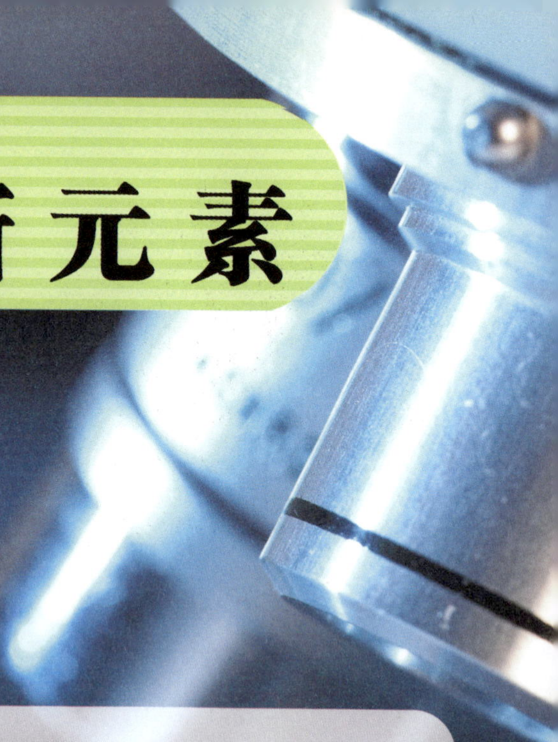

迄今为止，人类已经发现了一百一十多种化学元素。那么，未被发现的新元素还有哪些？元素周期表是否能无止境地排列下去？科学家们在研究元素的稳定性时发现：随着核电荷数的增加，元素的稳定性会急剧降低。照此推论下去，新元素的存在概率越来越小。1969年，有的科学家又提出了“超重稳定岛”的理论，如果理论无误的话，其数量将是相当可观的。

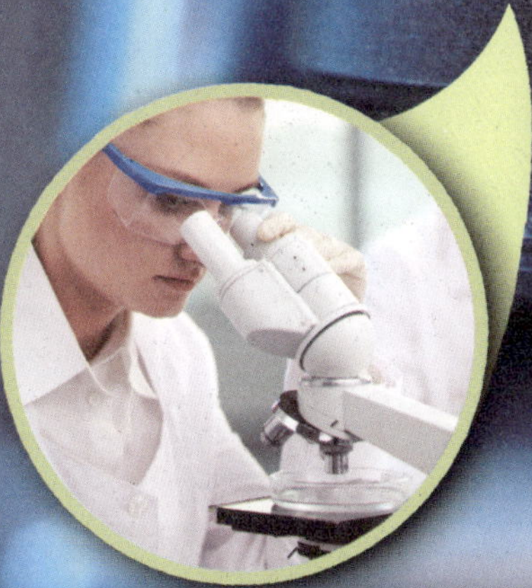

## 知识加油站

门捷列夫是19世纪俄国著科学家，他发现了化学元素的周期性变化规律，并且制作出世界上第一张元素周期表，还预见了一些当时尚未发现的元素。

# 模拟

## 光合作用

### 植物与动物的区别

叶绿体是植物中含有叶绿素等用来进行光合作用的细胞器，可以将其称为植物的“养料制造车间”和“能量转换站”。如果植物没有叶绿体，就无法实现光合作用。

zài yáng guāng de zhào shè
在阳光的照射
xià lǜ sè zhí wù xī shōu shuǐ hé
下，绿色植物吸收水和
èr yǎng huà tàn shēng chéng
二氧化碳，生成
yǒu jī wù bìng shì fàng chū
有机物并释放出
yǎng qì zhè ge guò chéng
氧气，这个过程
jiù shì guāng hé zuò yòng
就是光合作用。
kē xué jiā men fā xiàn lǜ
科学家们发现：绿

色植物能够进行光合作用，是因为它们的叶片中含有叶绿素。叶绿素是一种具有生理作用的细胞绿色色素。镁是组成叶绿素的核心，没有它植物就不能吸收太阳光进行光合作用。但对于镁离子为什么是叶绿素的核心，还是个未解的谜。

植物之所以被称为食物链的生产者，是因为它们能够通过光合作用利用无机物生产有机物并且储存能量。

# 生物固氮技术

shēng wù gù dàn gài kuò de shuō
生物固氮概括地说
shì zhǐ mǒu xiē wēi shēng wù hé zǎo lèi
是指某些微生物和藻类
tōng guò qí tǐ nèi gù dàn méi de zuò
通过其体内固氮酶的作
yòng jiāng fēn zǐ dàn zhuǎn biàn wéi ān de zuò yòng yīn dì qiào hán
用将分子氮转变为氨的作用。因地壳含
yǒu jí shǎo de kě róng xìng wú jī dàn yán suǒ yǒu shēng wù jī hū
有极少的可溶性无机氮盐，所有生物几乎
dōu xū yào yī lài gù dàn shēng wù gù dìng dà qì zhōng de dàn ér
都需要依赖固氮生物固定大气中的氮而
shēng cún yīn cǐ shēng wù gù dàn duì wéi chí zì rán jiè de dàn xún
生存，因此生物固氮对维持自然界的氮循
huán yǒu zhe jí wéi zhòng yào de zuò yòng duì gù dàn shēng wù de
环有着极为重要的作用。对固氮生物的
yán jiū hé lì yòng néng wèi nóng yè kāi pì féi yuán duì wéi chí hé
研究和利用能为农业开辟肥源，对维持和
tí gāo tǔ rǎng féi lì yǒu hěn dà yì yì
提高土壤肥力有很大意义。

## 知识加油站

豆科植物能够在常温和常压下将空气中的氮气还原为氨，以供自身生长的需要。人们正在努力模拟豆科植物的这种本领，以实现常温常压下人工合成氮肥。

JINGDIAN TIANTIANDU XILIE

经典天天读系列

# 医疗的奥秘

## 第二章

# 四诊

四诊即望、闻、问、切四种诊察疾病的方法，是传统中医搜集临床资料的主要方法。四诊必须把望、闻、问、切有机地结合起来，即“四诊合参”，才能全面、系统地了解病情，作出正确的判断。

> **望舌辨病**
>
> 中医特别注重望舌辨病，因而就诊前不宜喝牛奶、豆浆，易使舌苔变白腻；不宜吃乌梅、杨梅，以免舌苔变黑；不宜吃橘子和黄色食物，避免令舌苔变黄；不宜饭后立即就诊，饭后即就诊对舌色、舌苔的变化都有影响。
>
> 智慧讲堂

四诊具有直观性和朴素性的特点，医生在感官所及的范围内，直接地获取信息并进行分析综合，及时作出判断。

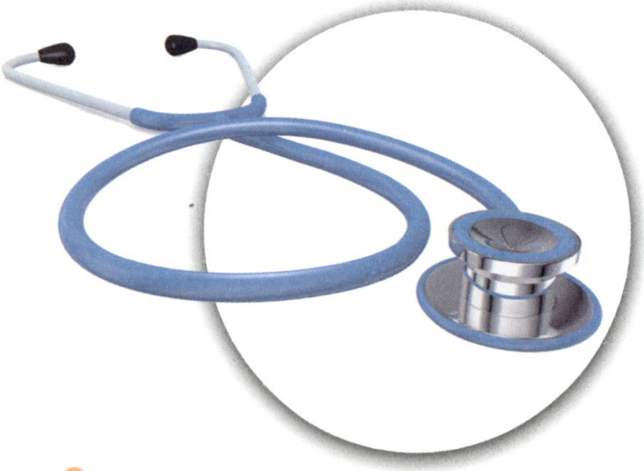

中医中的诊脉

# 针灸

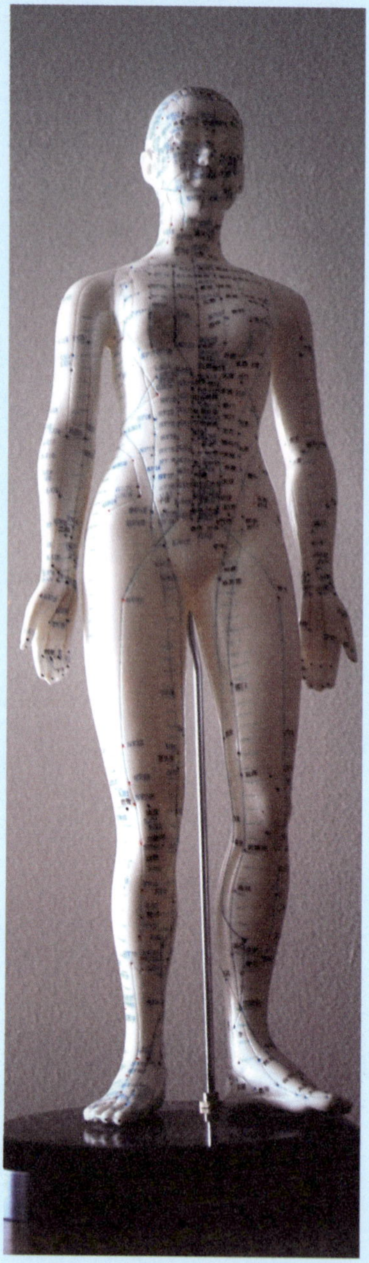

zhēn jiǔ shì zhōng yī zhōng zhēn
针灸是中医中针
fǎ hé jiǔ fǎ de hé chēng zhēn fǎ
法和灸法的合称。针法
shì bǎ háo zhēn àn yí dìng xué wèi cì
是把毫针按一定穴位刺
rù huàn zhě tǐ nèi yùn yòng niǎn zhuǎn
入患者体内，运用捻转
yǔ tí chā děng zhēn cì shǒu fǎ lái zhì
与提插等针刺手法来治
liáo jí bìng jiǔ fǎ shì bǎ rán shāo zhe
疗疾病。灸法是把燃烧着
de ài róng àn yí dìng xué wèi xūn zhuó
的艾绒按一定穴位熏灼
pí fū lì yòng zhè zhǒng rè de cì
皮肤，利用这种热的刺
jī lái zhì liáo jí bìng rú jīn rén men
激来治疗疾病。如今人们
shēng huó zhōng yě jīng cháng yòng dào
生活中也经常用到。
zhēn jiǔ de nèi róng bāo kuò zhēn jiǔ lǐ
针灸的内容包括针灸理
lùn shù xué zhēn jiǔ jì shù yǐ jí
论、腧穴、针灸技术以及
xiāng guān qì jù zài xíng chéng yīng
相关器具，在形成、应

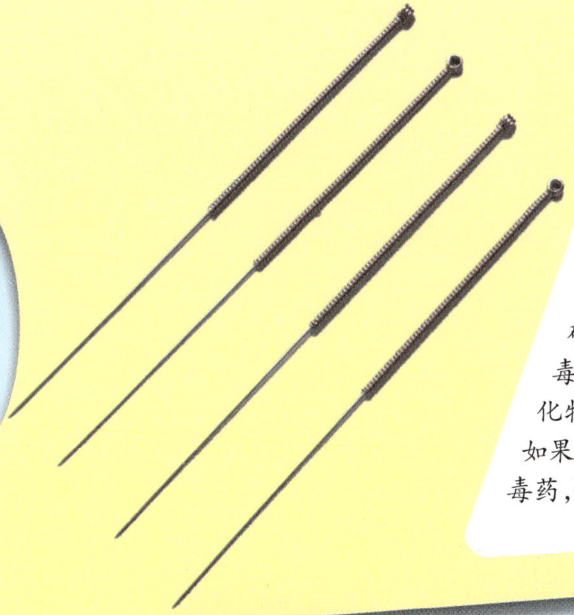

## 知识加油站

古人常用银针试毒，其实这并不完全正确，因为古代人所说的剧毒多指砒霜，其中具有硫化物，银针遇到便会发黑，如果是一种不具有硫化物的毒药，银针是不会变黑的。

yòng hé fā zhǎn de guò chéng zhōng jù yǒu xiān míng de hàn
用和发展的过程中，具有鲜明的汉
mín zú wén huà yǔ dì yù tè zhēng shì jī yú hàn mín zú wén
民族文化与地域特征，是基于汉民族文
huà hé kē xué chuán tǒng chǎn shēng de bǎo guì yí chǎn
化和科学传统产生的宝贵遗产。

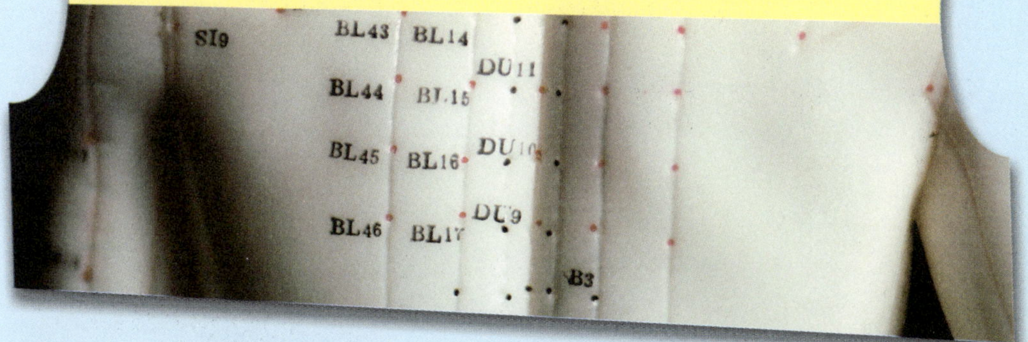

# 输血术

nián　ào dì lì shēng wù xué jiā lán cí tài nà fā
1900年，奥地利生物学家兰茨泰纳发
xiàn bù tóng xuè xíng de xuè yè hùn hé zài yì qǐ jiù kě néng fā
现不同血型的血液混合在一起就可能发
shēng níng xuè róng xuè děng xiàn xiàng zhè zhǒng xiàn xiàng rú guǒ fā
生凝血、溶血等现象，这种现象如果发
shēng zài rén tǐ nèi jiù huì wēi jí rén de shēng mìng lán cí tài
生在人体内，就会危及人的生命。兰茨泰

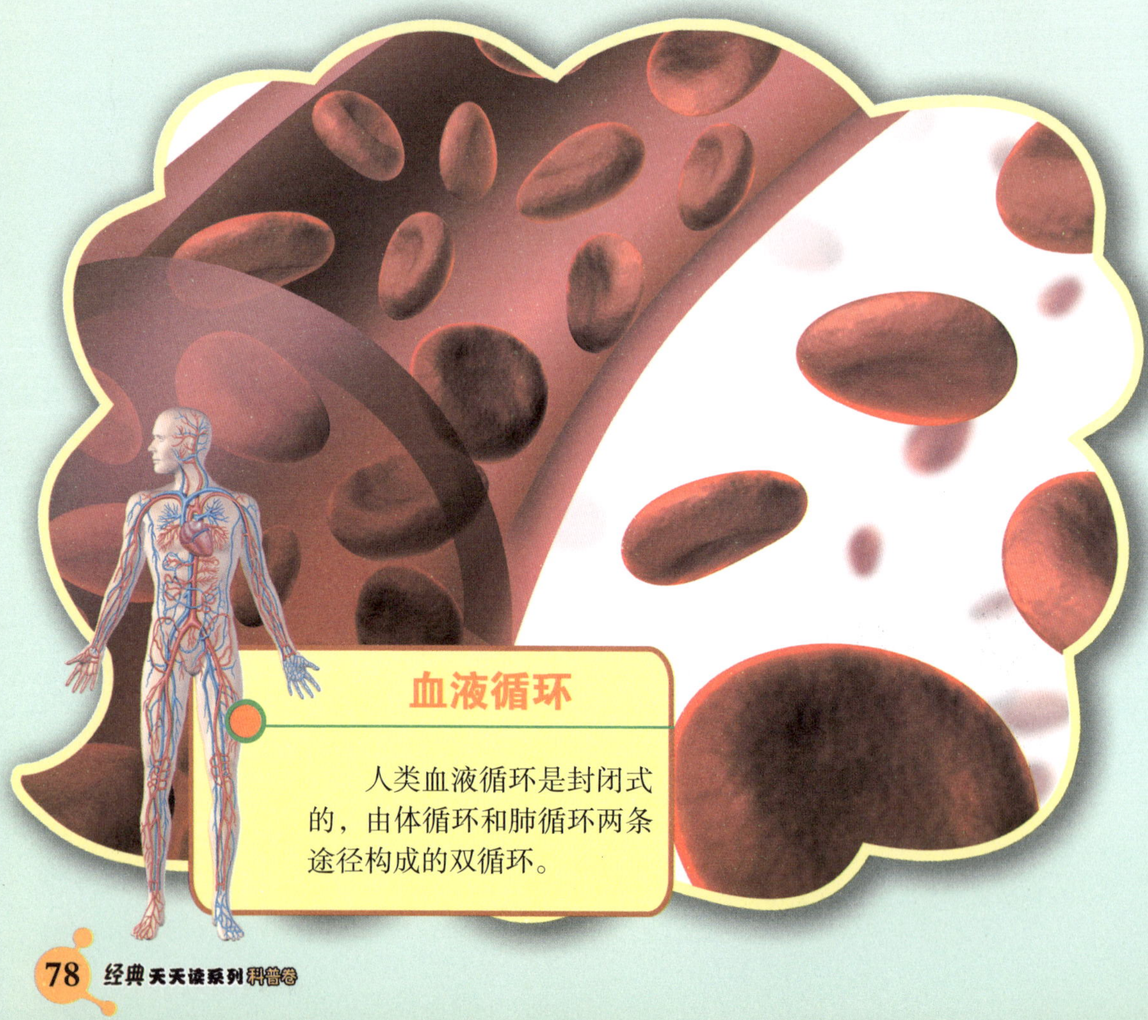

### 血液循环

人类血液循环是封闭式的，由体循环和肺循环两条途径构成的双循环。

## 知识加油站

兰茨泰纳最早提出了 A、B、AB 和 O 四种血型的说法，他观察到甲者的血清有时会与乙者的红血球凝结的现象，研究后发现了人类的血液按红血球与血清中不同抗原和抗体分有许多类型，并将这些类型归为 A、B、AB 和 O 四种。

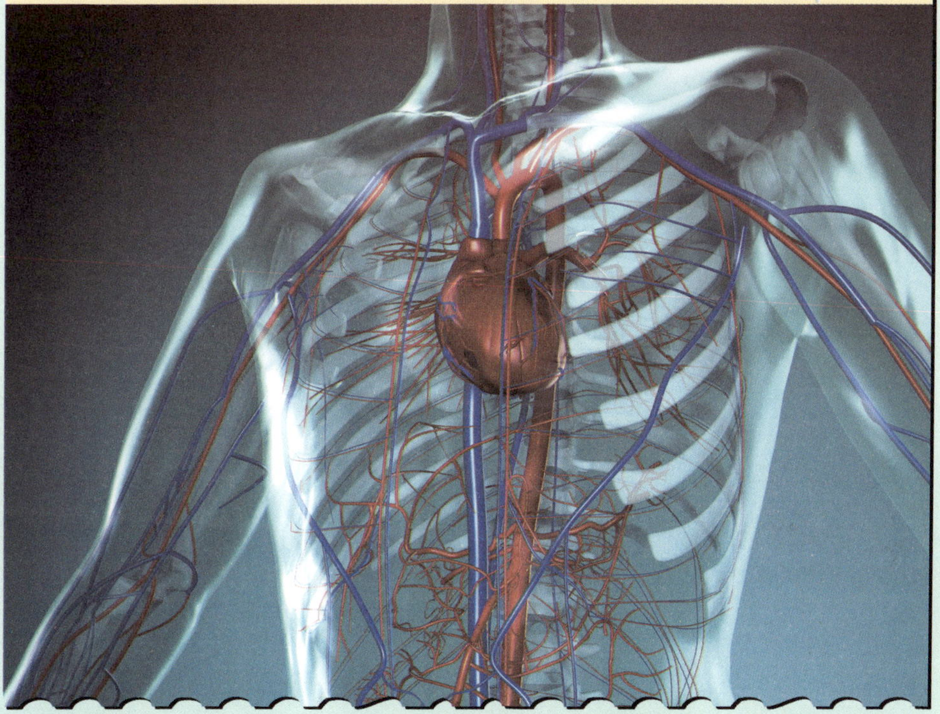

nà de zhè yì yán jiū chéng guǒ zhǎo dào le yǐ wǎng shū xuè shī bài
纳的这一研究成果找到了以往输血失败

de zhǔ yào yuán yīn wèi ān quán shū xuè tí gōng le lǐ lùn zhǐ
的主要原因，为安全输血提供了理论指

dǎo cǐ hòu yī shēng men gēn jù bìng rén de xuè xíng xuǎn zé hé
导。此后，医生们根据病人的血型，选择合

shì de gōng xuè rén jiàn lì le ān quán de xiàn dài shū xuè shù wǎn
适的供血人，建立了安全的现代输血术，挽

jiù le wú shù shāng bìng zhě de shēng mìng
救了无数伤病者的生命。

# 化疗

化疗即用化学合成药物治疗疾病的方法。1907年，人们首次用化学疗法来形容一种医疗方法，即用特制化学剂杀灭特殊的细菌。化学疗法是德国化学家埃尔利希首创的，他研制出一种名为“六〇六”的化合物，用于治疗梅毒。1935年，德国细菌学家多马克合成了磺胺剂，这原是一种染料，但经试验证明它能杀死导致猩红

## 知识加油站

化疗是一种全身性治疗手段，对原发灶、转移灶和亚临床转移灶均有治疗作用，但是化疗治疗肿瘤在杀伤肿瘤细胞的同时，也将正常细胞和免疫细胞一同杀灭，所以化疗是一种“玉石俱焚”的治疗方法。

rè hé mǒu xiē fèi yán de liàn qiú jūn mù qián xiá yì de huà
热和某些肺炎的链球菌。目前，狭义的化

xué liáo fǎ zhuān zhǐ fēi xì jūn xìng jí bìng de zhì liáo bǐ rú
学疗法专指非细菌性疾病的治疗，比如

ái zhèng
癌症。

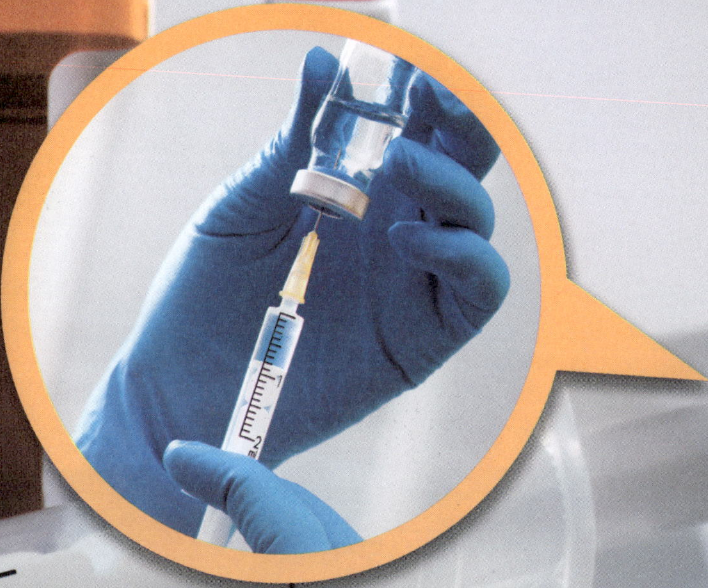

肌肉注射

# 麻醉的发展

## 华佗与麻沸散

华佗是我国东汉末著名的医学家。华佗医术高超、全面，治疗的疾病包括传染病、寄生虫病、内科病等等。华佗尤长于外科，他创制了麻沸散，施行全身麻醉下的手术治疗。

nián yīng guó huà xué
1799年，英国化学
jiā hàn fú lái dài wéi fā xiàn
家汉弗莱·戴维发现
xiào qì yǎng huà yà dàn
笑气（氧化亚氮）
jù yǒu má zuì zuò yòng kě
具有麻醉作用，可
yǐ yòng yú chū xiě bù duō
以用于出血不多
de shǒu shù hòu lái rén
的手术。后来，人
men yòu fā xiàn yǐ mí jù yǒu
们又发现乙醚具有
zhì rén hūn mí de zuò yòng
致人昏迷的作用，

便开始采用乙醚进行麻醉。之后，人们又发现了比乙醚更加有效的麻醉剂——氯仿。1902年，德国生物化学家菲舍尔合成了罗那（巴比妥酸剂），开始推行静脉麻醉法。20世纪以后又出现了电子麻醉法。此外，还有针刺麻醉、冷冻麻醉等。

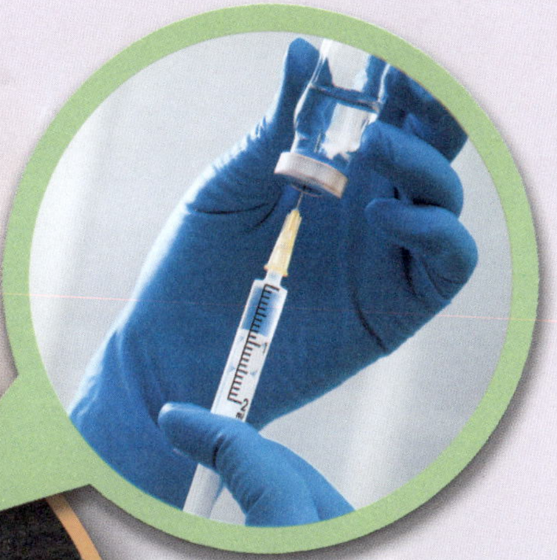

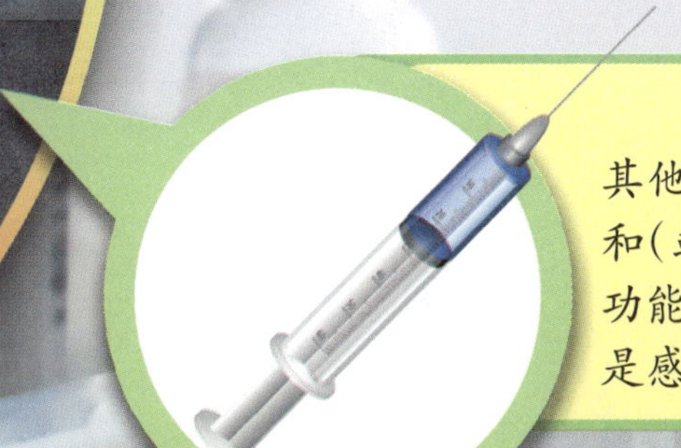

一般认为，麻醉是由药物或其他方法产生的一种中枢神经和（或）周围神经系统的可逆性功能抑制，这种抑制的特点主要是感觉（特别是痛觉）的丧失。

# 器官移植

qì guān yí zhí shǒu shù yào huò dé jiào gāo de chéng gōng
器官移植手术要获得较高的成功
lǜ shì bì xū cóng lǐ lùn shang jiě jué rén lèi qì guān yí zhí
率，是必须从理论上解决人类器官移植
chéng bài de guān jiàn wèn tí miǎn yì pái chì fǎn yìng de gēn
成败的关键问题——免疫排斥反应的根
yuán nián miǎn yì xué jiā ràng duō sài fā xiàn le
源。1958年，免疫学家让·多塞发现了HLA
jī yīn rén tǐ bái xì bāo kàng yuán jī yīn shì jì nián
基因（人体白细胞抗原基因）。20世纪70年

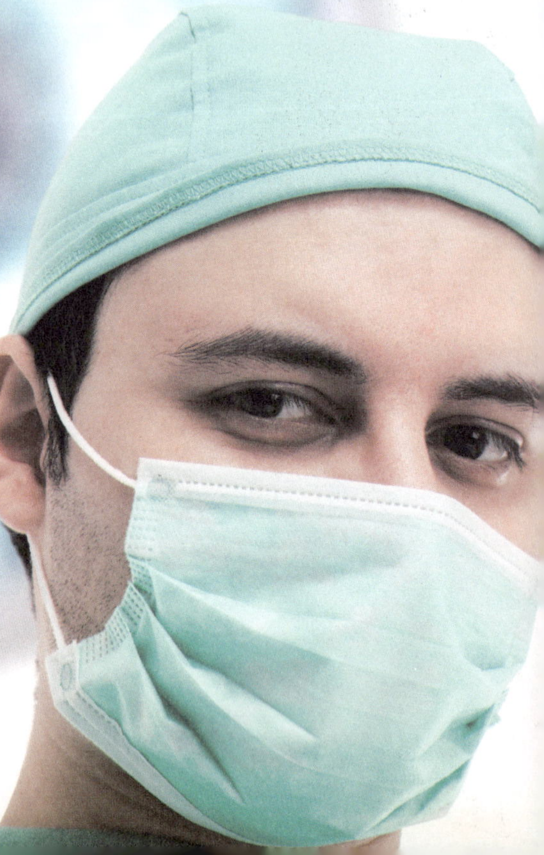

**移植手术**

大约在公元前600年，古印度的外科医师就用从病人本人手臂上取下的皮肤来重整鼻子。这种植皮术实际上是一种自体组织移植技术，它和此后的异体组织移植术成为今天异体器官移植手术的先驱。

**智慧讲堂**

dài hā fó dà xué xué zhě bā rú bèi nà sāi lā fū tōng guò
代，哈佛大学学者巴茹·贝纳塞拉夫通过
dòng wù shí yàn fā xiàn jī yīn jué dìng zhe rén tǐ qì guān
动物实验发现，HLA基因决定着人体器官
yí zhí de chéng bài rán ér fā xiàn le miǎn yì pái chì de gēn
移植的成败。然而，发现了免疫排斥的根
yuán bìng bù děng yú zhǎo dào le jiě jué qì guān yí zhí zhōng miǎn
源并不等于找到了解决器官移植中免
yì pái chì de fāng fǎ suǒ yǐ hái xū yào rén men zài shí jiàn zhōng
疫排斥的方法，所以还需要人们在实践中
bú duàn tàn suǒ
不断探索。

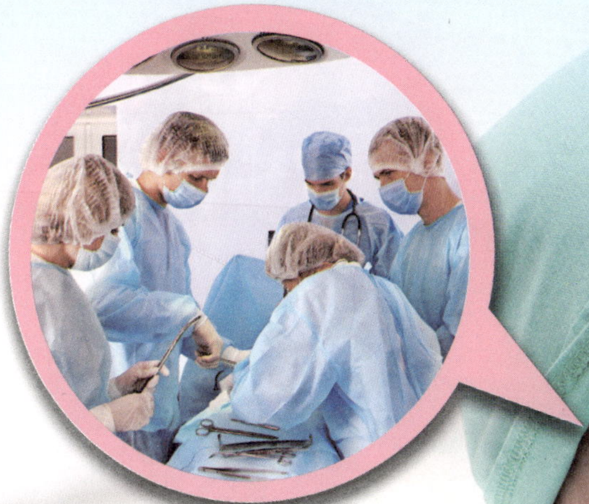

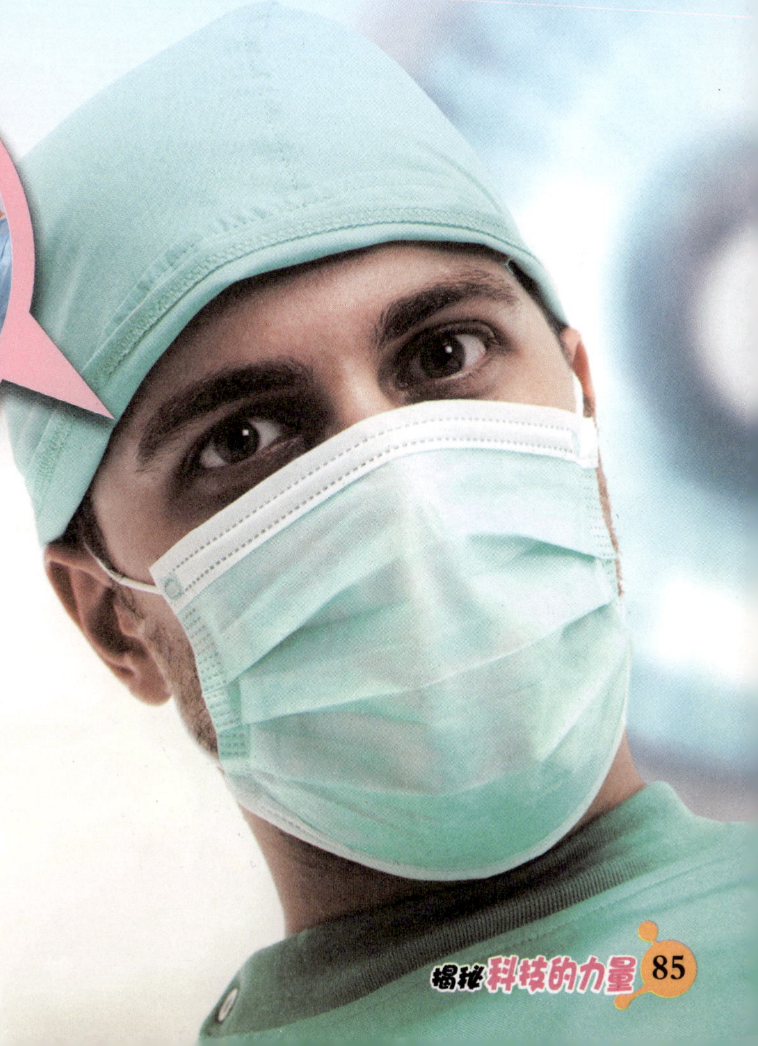

## 定义与目的

器官移植是将一个人健康的器官移植到病人体内的复杂手术，目的是替换病人因疾病丧失功能的器官。

# 试管婴儿

dì yī gè shì guǎn yīng ér yú
第一个试管婴儿于

nián yuè rì shí fēn
1978年7月25日23时47分

zài yīng guó de ào ěr dé mǔ shì yī
在英国的奥尔德姆市医

yuàn dàn shēng tā de míng zì jiào lù
院诞生，她的名字叫路

yì sī bù lǎng lù yì sī bù lǎng
易丝·布朗。路易丝·布朗

de mǔ qīn méi bù lǎng yīn shū luǎn
的母亲梅·布朗因输卵

guǎn jí bìng ér bù néng
管疾病而不能

shēng yù yī shēng cóng
生育。医生从

méi bù lǎng shí nián
梅·布朗（时年31

suì tǐ nèi tí qǔ luǎn zǐ
岁）体内提取卵子，

zài qǔ tā zhàng fu shí nián
再取她丈夫（时年

suì de jīng yè yì qǐ fàng rù yí
38岁）的精液一起放入一

gè shì guǎn nèi shǐ luǎn zǐ shòu jīng
个试管内，使卵子受精，

## 知识加油站

1944年，美国人洛克和门金首次进行试管婴儿方面的尝试，试管婴儿发育成长的事实为许多因患有输卵管疾病而不能生育的妇女带来了希望，它也是人类胚胎学的重大突破。到1997年,仅英国就有两万多名试管婴儿诞生。

rán hòu jiāng shòu jīng luǎn chóng
然后将受精卵重
xīn yí rù méi bù lǎng de
新移入梅·布朗的
zǐ gōng nèi gè duō yuè
子宫内。9个多月
hòu méi bù lǎng shùn
后,梅·布朗顺
lì shēng xià le lù yì
利生下了路易
sī bù lǎng
丝·布朗。

# 医药史上的飞跃——青霉素

nián yuè qīng méi sù de fā xiàn zhě fú lái
1929年6月，青霉素的发现者——弗莱
míng zài yīng guó de shí yàn bìng lǐ xué zá zhì shang fā biǎo le
明在英国的《实验病理学》杂志上发表了
yì piān guān yú qīng méi sù de lùn wén yí hàn de shì fú lái
一篇关于青霉素的论文。遗憾的是，弗莱
míng bú shì yí gè huà xué jiā qīng méi sù péi yǎng yè zhōng de yǒu
明不是一个化学家，青霉素培养液中的有
xiào chéng fèn tài shǎo le tā shǐ zhōng méi néng jiě jué qīng méi sù
效成分太少了，他始终没能解决青霉素
de tí chún wèn tí hòu lái jīng guò xì jūn xué jiā hé shēng huà xué
的提纯问题。后来，经过细菌学家和生化学
jiā de gòng tóng nǔ lì gāo chún dù de qīng méi sù zhōng yú dàn
家的共同努力，高纯度的青霉素终于诞
shēng le zhè ge bù qǐ yǎn de qīng sè méi jūn cóng cǐ chéng le
生了。这个不起眼的青色霉菌从此成了
zhì bìng liáng yào hōng dòng le quán shì jiè
治病良药，轰动了全世界。

## 知识加油站

第二次世界大战期间，无数伤员因伤口感染化脓而死亡。这种情形下，青霉素成为神奇的药物。医生给19名被判“死刑”的高烧伤员使用了青霉素，几天以后竟有12名伤员渐渐退了烧，不久便康复出院了。

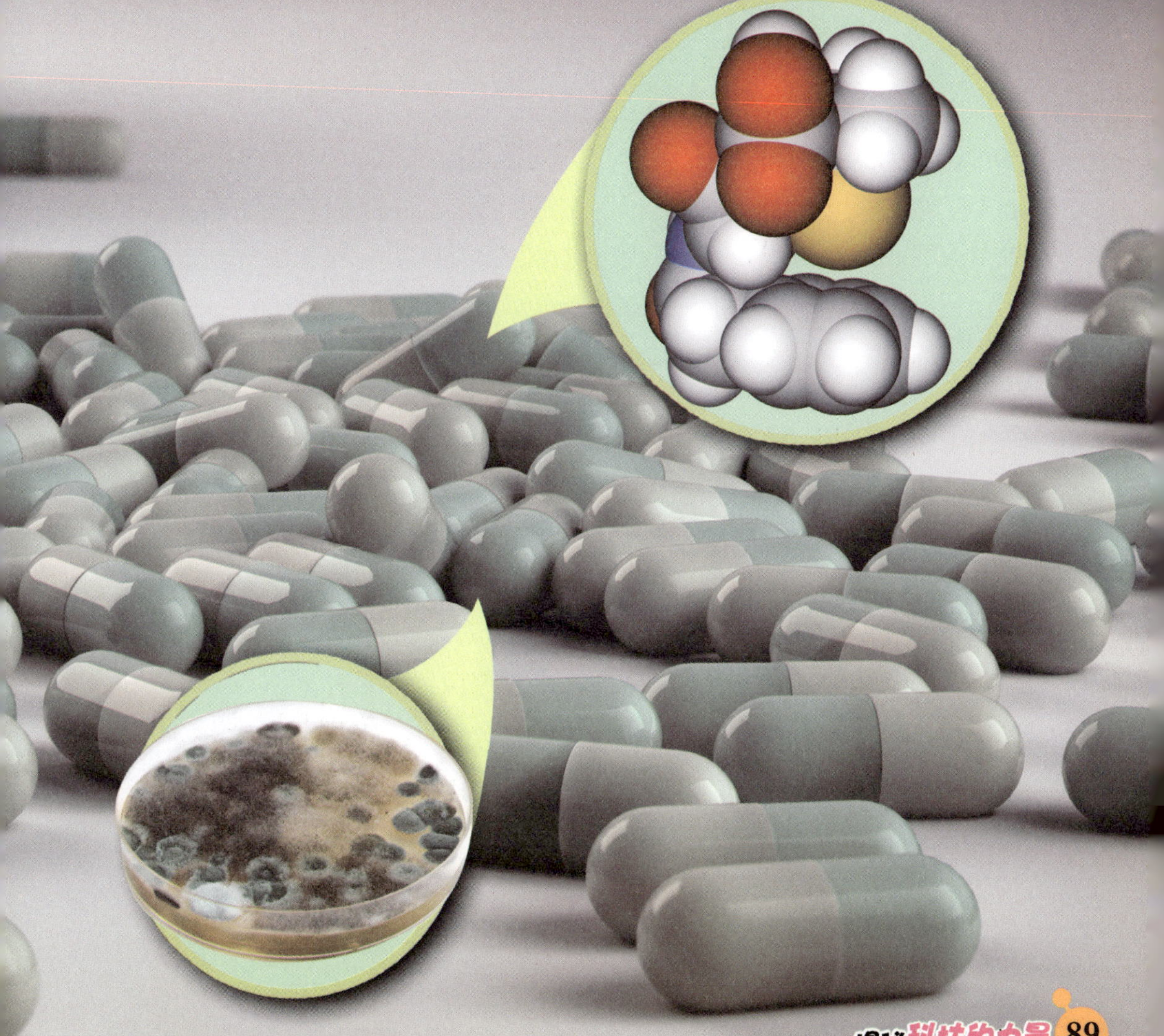

# 疼痛克星——阿司匹林

阿司匹林是一种人们常用的具有解热和镇痛等作用的药品，它的学名叫乙酰水杨酸。1853年，德国化学家杰尔赫首次合成水杨酸盐类的前身——纯水杨酸，它具有退热止痛作用，但毒性大，对胃有强烈的刺激。1897年，德国化学家霍夫曼将纯水杨酸制成乙酰水杨酸，这便是沿用至今的阿司匹林。它保持了纯水杨酸的退热止痛作用，而毒性和副作用却大为降低。

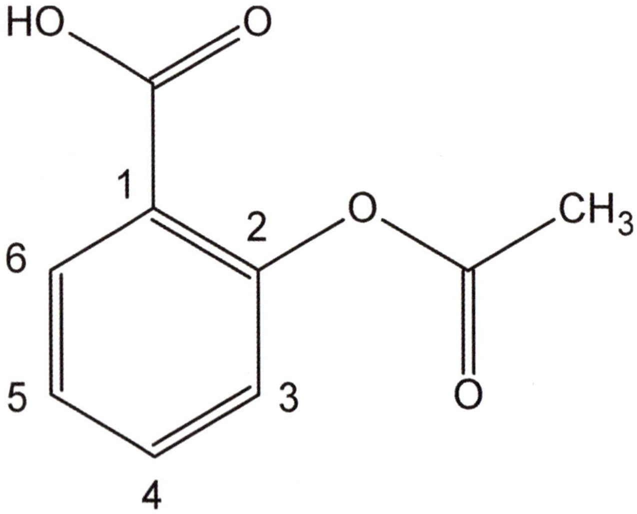

瓶装阿司匹林

阿司匹林

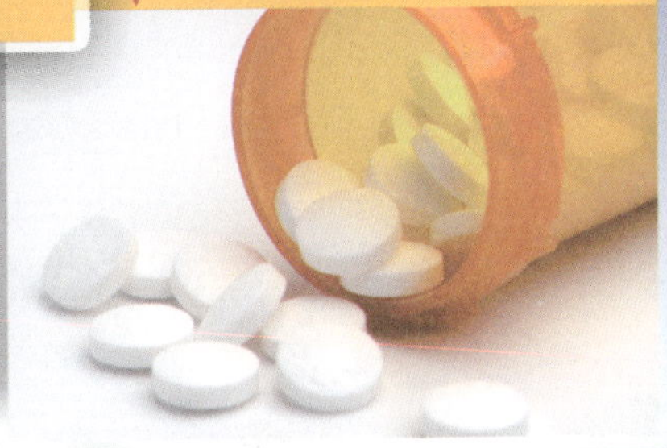

## 量产阿司匹林

1899年，德国化学家拜尔创立了以工业方法制造阿司匹林的工艺，使阿司匹林可以大量生产，并销售到世界各地。至今，阿司匹林仍是一种使用广泛、疗效稳定的药物。

智慧讲堂

# 维持生命的要素——维生素

wéi shēng sù bié míng wéi tā mìng gù míng sī yì
维生素别名“维他命”，顾名思义，
tā shì wéi chí shēng mìng de yào sù zhī yī nián rì běn huà
它是维持生命的要素之一。1910年，日本化
xué jiā líng mù méi tài láng cóng dào mǐ ké zhōng tí qǔ chū yì zhǒng
学家铃木梅太郎从稻米壳中提取出一种
néng gòu zhì yù jiǎo qì bìng de bái sè jīng tǐ gěi tā qǔ míng wéi
能够治愈脚气病的白色晶体，给它取名为

**柠檬**

柠檬富含维生素，可用于治疗支气管炎、百日咳、食欲不振、维生素丙缺乏症等。

## 知识加油站

1893年，荷兰军医艾克曼发现患脚气病的鸡竟不治而愈了，通过观察他发现鸡吃白米得了脚气病，吃粗饲料就安然无恙。由此，艾克曼得出结论：米糠含有能够治愈脚气病的物质。这种物质就是我们现在知道的维生素$B_1$。

wéi shēng sù tóng nián bō lán kē xué jiā féng kè yě cóng mǐ kāng
维生素$B_1$。同年波兰科学家冯克也从米糠
zhōng fēn jiě chū yì zhǒng yào yòng wù zhì tā bǎ zhè zhǒng wù zhì
中分解出一种药用物质，他把这种物质
mìng míng wéi wéi tā mìng bìng tōng guò shí yàn zhèng míng rén
命名为“维他命”，并通过实验证明人
tǐ nèi rú guǒ quē shǎo le tā jiù róng yì pí juàn shí yù bú
体内如果缺少了它，就容易疲倦、食欲不
zhèn hún shēn suān tòng bìng huàn jiǎo qì bìng
振、浑身酸痛并患脚气病。

# 抗癌新药 TNF

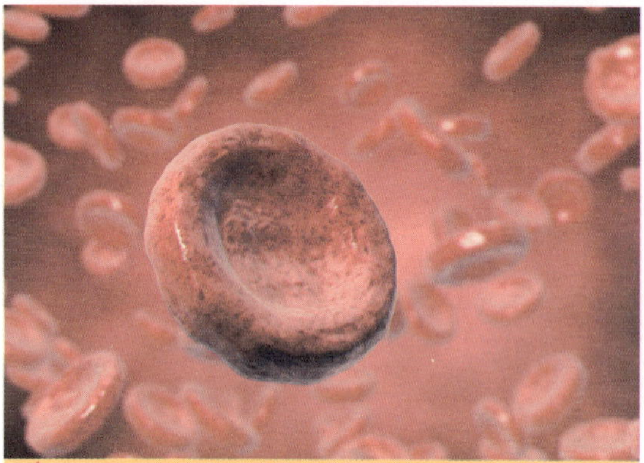

▲ 血红细胞

TNF全称为人体肿瘤坏死因子，是一种新型有效的抗肿瘤药物，将它注射到肿瘤块中或其周围，可以成功地抑制肿瘤细胞的营养供给而导致它的坏死。TNF的成功研制，为肿瘤治疗开辟了一条新途径。

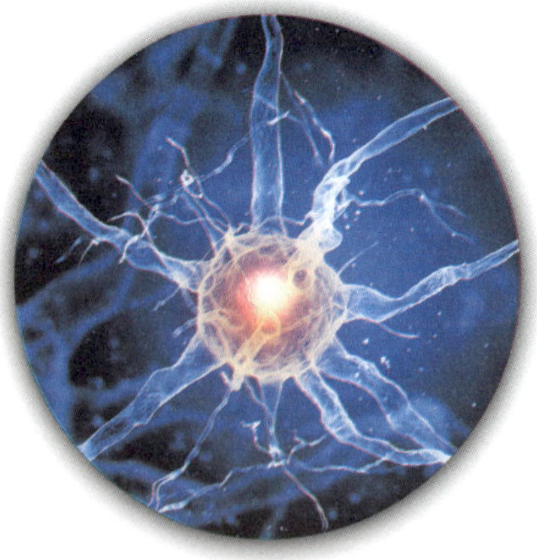

## 常见的9种致癌物

1.碱性食品中的味精；2.烧焦的鱼和肉；3.腐烂的白菜；4.烧烤食品；5.用卫生纸掠过的水果；6.茶垢；7.水果中烂掉的部分；8.用报纸包的食品；9.霉变的大米、花生和玉米。

智慧讲堂

JINGDIAN TIANTIANDU XILIE

经典天天读系列

# 交通道路纵横

## 第三章

# 3 立交桥

### 八字桥

八字桥是绍兴现存最古老的梁式石桥，桥东端沿河道由南北两个方向落坡，桥西端又从西南两个方面落坡，解决了复杂的交通问题，在中国桥梁史上具有重要位置。

lì jiāo qiáo shì wèi bǎo zhèng
立交桥是为保证
jiāo tōng hù bù gān rǎo ér zài dào
交通互不干扰而在道
lù tiě lù jiāo chā chù jiàn zào de
路、铁路交叉处建造的
qiáo liáng lì jiāo qiáo mù qián
桥梁。立交桥目前
zhèng guǎng fàn yìng yòng yú
正广泛应用于
gāo sù gōng lù hé chéng shì
高速公路和城市
dào lù zhōng de jiāo tōng fán
道路中的交通繁
máng dì duàn àn kuà yuè xíng
忙地段。按跨越形

shì fēn wéi kuà xiàn qiáo hé dì dào qiáo kuà xiàn qiáo zài jì yǒu xiàn
式分为：跨线桥和地道桥。跨线桥在既有线

lù zhī shàng kuà yuè yòu fēn wéi fēn lí shì hé hù tōng shì qián zhě
路之上跨越，又分为分离式和互通式。前者

zhǐ bǎo zhèng shàng xià céng xiàn lù de gè chē liàng dú zì tōng xíng
只保证上下层线路的各车辆独自通行，

hòu zhě néng shǐ shàng xià céng
后者能使上下层

xiàn lù de chē liàng xiāng hù
线路的车辆相互

tōng xíng dì dào qiáo cóng dì
通行。地道桥从地

xià chuān yuè jì yǒu xiàn lù
下穿越既有线路，

yóu qiáo dòng yǐn dào hé fù
由桥洞、引道和附

shǔ jié gòu zǔ chéng
属结构组成。

1928 年，美国首先在新泽西州的两条道路交叉处修建了第一条苜蓿叶形公路交叉。1930 年，芝加哥建起了一座立体交叉桥。1931 年至 1935 年，瑞典陆续在一些城市修建起立体交叉桥。

# 高速公路

gāo sù gōng lù shì jù yǒu sì tiáo huò sì tiáo yǐ shàng chē
高速公路是具有四条或四条以上车
dào shè yǒu zhōng yāng fēn gé dài quán bù lì tǐ jiāo chā bìng jù
道、设有中央分隔带、全部立体交叉并具
yǒu wán shàn de jiāo tōng ān quán shè shī hé guǎn lǐ fú wù shè shī
有完善的交通安全设施和管理服务设施，
quán bù kòng zhì chū rù zhuān gōng qì chē fēn dào fēn xiàng xíng shǐ
全部控制出入、专供汽车分道分向行驶
de xiàn dài huà gōng lù
的现代化公路。

**高速公路**

中国在20世纪80年代中期正式动工修建高速公路。1988年，中国第一条全长18.5千米的上海—嘉定高速公路建成通车。至2000年底，中国高速公路通车里程已达16 314千米。

**智慧讲堂**

gāo sù gōng lù de fā zhǎn jiā sù le wù zī de liú tōng
高速公路的发展加速了物资的流通，
suō duǎn le lǚ tú shí jiān xíng chéng le kuài sù fā zhǎn de gāo
缩短了旅途时间，形成了快速发展的“高
sù gōng lù chǎn yè dài shǐ yán xiàn de chéng shì gōng yè zhōng
速公路产业带”，使沿线的城市、工业中
xīn jiāo tōng shū niǔ hé kāi fàng gǎng kǒu de lián xì gèng jiā jǐn
心、交通枢纽和开放港口的联系更加紧
mì dà dà cù jìn bìng dài
密，大大促进并带
dòng le qí tā chǎn yè de
动了其他产业的
fā zhǎn hé jìn bù
发展和进步。

# 地铁

dì tiě yě chēng wéi dì xià tiě guǎng yì shang yóu yú xǔ
地铁也称为地下铁。广义上，由于许

duō cǐ lèi de xì tǒng wèi le pèi hé
多此类的系统为了配合
xiū zhù de huán jìng kě néng yě huì
修筑的环境，可能也会
yǒu dì miàn huà de lù duàn cún zài
有地面化的路段存在，
yīn cǐ tōng cháng hán gài le gè zhǒng
因此通常涵盖了各种
dì xià yǔ dì miàn shang de gāo mì dù
地下与地面上的高密度
jiāo tōng yùn shū xì tǒng
交通运输系统。

dì tiě jiù xiàng shì jiāo tōng gōng
地铁就像是交通工
jù zhōng zuì kě ài de jīng líng chuān
具中最可爱的精灵，穿
suō yú měi yí zuò chéng shì de měi yí
梭于每一座城市的每一
gè jiǎo luò tā gòu chéng le chéng shì
个角落，它构成了城市
de dì xià jīng mài dài dòng le dì xià
的地下经脉，带动了地下
shāng yè de fā zhǎn
商业的发展。

## 知识加油站

世界上首条地下铁路系统是在1863年英国开通的“伦敦大都会铁路”。中国第一条地铁线路始建于1965年7月1日，1969年10月1日建成通车，北京是中国第一个拥有地铁的城市。

# 铁路

tiě lù shì gōng huǒ chē děng jiāo tōng gōng jù xíng shǐ de guǐ
铁路是供火车等交通工具行驶的轨
dào tiě lù yùn shū shì yì zhǒng lù shang yùn shū fāng shì yǐ jī
道。铁路运输是一种陆上运输方式，以机
chē qiān yǐn liè chē zài liǎng tiáo píng xíng de tiě guǐ shang xíng shǐ tiě
车牵引列车在两条平行的铁轨上行驶。铁
guǐ néng tí gōng guāng huá jí jiān yìng de méi jiè ràng liè chē chē lún
轨能提供光滑及坚硬的媒介让列车车轮
zài shàng miàn yǐ zuì xiǎo de mó cā lì gǔn dòng shǐ chē li de rén
在上面以最小的摩擦力滚动，使车里的人
gǎn dào gèng shū shì tóng shí tā hái néng jié shěng néng liàng rú
感到更舒适，同时它还能节省能量。如
guǒ pèi zhì dé dàng tiě lù yùn shū kě yǐ bǐ gōng lù yùn shū yùn
果配置得当，铁路运输可以比公路运输运
zǎi tóng yī zhòng liàng wù shí jié shěng wǔ zhì qī chéng néng liàng
载同一重量物时节省五至七成能量。
tiě guǐ néng píng jūn fēn sàn liè chē de zhòng liàng lìng liè chē de zǎi
铁轨能平均分散列车的重量，令列车的载
zhòng liàng dà dà tí gāo
重量大大提高。

## 知识加油站

中国第一条自己修筑的铁路——京张铁路（现京藏铁路）。京张铁路连接北京丰台，经居庸关、沙城、宣化至河北张家口，全长约 201.2 千米，于 1909 年建成，是中国首条不借助外国资金及人员，由中国人自行设计建造、投入营运的铁路。

▲铁轨

# 汽车

qì chē yuán zhǐ yǐ
汽车原指以
kě rán qì tǐ zuò wéi dòng
可燃气体作为动
lì de yùn shū chē liàng
力的运输车辆，
yě zhǐ yǒu zì shēn zhuāng
也指有自身装
bèi dòng lì qū dòng de
备动力驱动的
chē liàng yì bān jù yǒu sì gè huò sì gè yǐ shàng de chē lún bù
车辆。一般具有四个或四个以上的车轮，不
yī kào guǐ dào huò jià xiàn ér zài lù dì xíng shǐ de chē liàng dōu chēng
依靠轨道或架线而在陆地行驶的车辆都称
wéi qì chē qì chē tōng cháng bèi yòng zuò zǎi yùn kè huò hé qiān
为汽车。汽车通常被用作载运客、货和牵
yǐn kè huò guà chē dàn bù bāo kuò nóng yè zhuān yòng jī xiè
引客、货挂车，但不包括农业专用机械。

## 头脑风暴

我国的第一辆汽车是由张学良将军掌管的辽宁迫击炮厂制造。工厂从美国购进一辆“瑞雪”号整车，然后将整车拆卸，对其进行重新设计制造，1931 年 5 月，终于试制成功，命名为民生牌 75 型汽车，开创了中国自制汽车的先河。

zài dì yī liàng
在第一辆

现代高级跑车

zì dòng tuī jìn chē liàng
自动推进车辆
wèn shì yǐ qián, rén lèi
问世以前，人类
shǐ yòng yóu mǎ、niú huò
使用由马、牛或
qí tā dà xíng dòng wù
其他大型动物
lā chē, yǐ yǒu wǔ qiān duō nián de lì shǐ le。qì chē de chū xiàn
拉车，已有五千多年的历史了。汽车的出现
gǎi biàn le zhè yì jú miàn, duì shè huì jiāo tōng tiáo jiàn de gǎi shàn
改变了这一局面，对社会交通条件的改善
qǐ dào hěn dà de cù jìn zuò yòng。
起到很大的促进作用。

# 火车

tiě lù liè chē jiǎn chēng tiě dào jī chē sú chēng huǒ chē
铁路列车简称铁道机车，俗称火车，
shì zhǐ zài tiě lù guǐ dào shang xíng shǐ de chē liàng tōng cháng shì
是指在铁路轨道上行驶的车辆，通常是
zhǐ yóu duō jié chē xiāng suǒ zǔ chéng de yì zhǒng jiāo tōng gōng jù
指由多节车厢所组成的一种交通工具。
zuì zǎo de huǒ chē shì yóu zhēng qì jī chē tuō dòng de hòu lái nèi
最早的火车是由蒸汽机车拖动的，后来内
rán jī chē qǔ dài le zhēng qì jī chē mù qián tiě lù shang yìng
燃机车取代了蒸汽机车。目前，铁路上应
yòng zuì guǎng fàn de huǒ chē shì gāo sù xíng shǐ de diàn lì jī chē
用最广泛的火车是高速行驶的电力机车。
huǒ chē sù dù kuài róng liàng dà ān quán xìng gāo shì yì zhǒng
火车速度快、容量大、安全性高，是一种
dī néng gāo xiào de jiāo tōng gōng jù tā yòng de rán liào shǎo chǎn
低能高效的交通工具，它用的燃料少，产
shēng de wū rǎn gèng xiǎo shì yì zhǒng pō wéi lǐ xiǎng de lǜ sè
生的污染更小，是一种颇为理想的绿色
jiāo tōng gōng jù
交通工具。

## 知识加油站

1804年，英国的矿山技师德里维斯克通过多次实验，利用瓦特发明的蒸汽机造出了世界上第一台蒸汽机车，时速为5千米～6千米。因为当时使用煤炭或木柴做燃料，所以人们都叫它“火车”。

# 3 摩托车

mó tuō chē shì yǐ qì
摩托车是以汽
yóu jī wéi dòng lì yuán de
油机为动力源的
liǎng lún huò sān lún de jī
两轮或三轮的机
dòng chē mó tuō chē cóng dàn
动车。摩托车从诞
shēng dào xiàn zài yǐ jīng yǒu yì bǎi duō nián de lì shǐ zuì chū de
生到现在已经有一百多年的历史。最初的
mó tuō chē shì bǎ zhēng qì jī ān zhuāng zài zì xíng chē shang zhì
摩托车是把蒸汽机安装在自行车上制
chéng de nián dé guó rén dài mǔ lè zhì chéng de yòng qì
成的。1882年，德国人戴姆勒制成的用汽
yóu jī qū dòng de liǎng lún chē shì xiàn dài mó tuō chē de chú xíng
油机驱动的两轮车是现代摩托车的雏形。

### 中国摩托车

1951年8月，中国正式开始自行试制、生产摩托车，由当时的中国人民解放军北京汽车制配六厂完成了5辆重型军用摩托车的试制任务，并由中央军委命名为“井冈山牌”。

智慧讲堂

mó tuō chē jì jù
摩托车既具
yǒu zì xíng chē de líng huó
有自行车的灵活
xìng hé qīng biàn xìng yòu
性和轻便性，又
jù yǒu qì chē de jī
具有汽车的机
dòng xìng hé gāo sù xìng
动性和高速性，
yīn cǐ shí fēn shòu qīng
因此十分受青
nián rén de qīng lài mó tuō chē de ān quán xìng néng jiào chà jià
年人的青睐。摩托车的安全性能较差，驾
shǐ shí yí dìng yào zūn shǒu jiāo tōng guī zé
驶时一定要遵守交通规则。

# 自行车

作为一种最简单的交通工具，自行车除了最起码的“骨架”——车轮（包括轮轴、辐条、轮圈、内胎和外胎）和车架以及座位外，还有三组零件：一是传动设备，包括脚蹬、曲柄、链盘、链、飞轮、车轴等；二是刹车设备，包括掣手、掣线和掣钳；三是导向设备，包括车把和前叉。自行车结构简单、维修容易、无污染、无噪声，对道路的适应性强，是理想的短距离个人交通工具。

## 知识加油站

自行车是由骑乘者脚踏驱动的两轮车。最早的自行车是在1791年由一个叫西夫拉克的法国人发明的，他把这辆车称为“滚动木马”，自行车的历史就是从它开始的。

# 公共汽车

gōng gòng qì chē shì yǒu gù dìng de lù xiàn hé tíng chē zhàn
公共汽车是有固定的路线和停车站
bìng gōng rén men chéng zuò de qì chē zēng shè gōng gòng qì chē zhè
并供人们乘坐的汽车。增设公共汽车这
zhǒng jiāo tōng gōng jù hěn dà chéng dù shang cù jìn le chéng shì
种交通工具，很大程度上促进了城市
huò xiāng zhèn jiāo tōng de fā zhǎn fāng biàn le guǎng dà rén mín qún
或乡镇交通的发展，方便了广大人民群

### 公共汽车之最

2012年9月，据英国《每日邮报》报道，世界上最长的巴士AutoTram Extra Gr在德国诞生，车长近31米。

## 知识加油站

1825 年，英国公爵嘉内制成了第一辆蒸汽公共汽车，这辆车的发动机装在后部，后轴驱动，前轴转向。1831 年，嘉内利用这辆车开始了世界上最早的公共汽车运营业务，所以这辆车被公认是世界上最早的公共汽车。

zhòng de chū xíng gōng gòng qì chē bù jǐn kě yǐ duǎn tú yùn sòng
众的出行。公共汽车不仅可以短途运送

lǚ kè hái kě yǐ yùn sòng cháng tú de lǚ kè suí zhe gōng lù
旅客，还可以运送长途的旅客。随着公路

de bú duàn jiàn shè gōng gòng qì chē kě yǐ dào dá jiàn yǒu gōng lù
的不断建设，公共汽车可以到达建有公路

de rèn yì dì fang bìng zhú jiàn xíng chéng sì tōng bā dá de gōng
的任意地方，并逐渐形成四通八达的公

gòng qì chē yùn shū wǎng
共汽车运输网。

# 磁悬浮列车

cí xuán fú liè chē shì yòng diàn cí lì shǐ chē tǐ xuán fú yú
磁悬浮列车是用电磁力使车体悬浮于
guǐ dào shang bìng yòng zhí xiàn diàn dòng jī qū dòng de yì zhǒng
轨道上，并用直线电动机驱动的一种
xīn xíng chāo gāo sù diàn dòng liè chē zhè zhǒng liè chē lì yòng cí
新型超高速电动列车。这种列车利用磁
xuán fú shǐ qí tái lí dì miàn xiāo chú yǔ guǐ dào miàn de zhí jiē
悬浮使其抬离地面，消除与轨道面的直接
mó cā bìng qiě zào shēng xiǎo néng hào shǎo jiào wéi jīng jì yīn
摩擦，并且噪声小、能耗少，较为经济，因
ér huò dé le jiào kuài de fā zhǎn cí xuán fú xì tǒng yì bān yǒu
而获得了较快的发展。磁悬浮系统一般有
sān zhǒng jí yǒng cí shì cí xuán fú xì tǒng cháng dǎo diàn xī
三种，即永磁式磁悬浮系统、常导电吸
yǐn shì cí xuán fú xì tǒng hé chāo dǎo diàn tuī chì shì cí xuán fú
引式磁悬浮系统和超导电推斥式磁悬浮
xì tǒng
系统。

## 知识加油站

1995 年 5 月 11 日，中国首台磁悬浮列车在国防科技大学研制成功，成为继德国、日本、英国、俄罗斯、韩国之后，第六个成功研制磁悬浮列车的国家，这标志着中国磁悬浮技术研究已达到国际先进水平。

# 帆船

## 中国古代造船技术

中国宋、元、明、清时代使用过的帆船有平底沙船、尖底的福船、广船和快速的乌船，以及大型战船、楼船和运粮的漕船。中国的造船技术在当时是非常先进的。

fān chuán shì yì zhǒng yī kào
帆船是一种依靠

zì rán fēng lì zuò yòng
自然风力作用

yú fān shang xíng jìn
于帆上行进

de chuán fān chuán zhǔ yào
的船。帆船主要

kào fān jù jiè zhù fēng lì
靠帆具借助风力

háng xíng kào jiǎng lǔ hé
航行，靠桨、橹和

gāo zuò wéi wú fēng shí tuī jìn
篙作为无风时推进

hè kào bó yǔ qǐ háng de shǒu duàn fān chuán tōng cháng wéi dān
和靠泊与起航的手段。帆船通常为单

tǐ yě yǒu kàng fēng làng jiào qiáng de shuāng tǐ chuán
体，也有抗风浪较强的双体船。

fān chuán yǐ yǒu wǔ qiān duō nián de lì shǐ shì shǐ yòng fēng
帆船已有五千多年的历史，是使用风

fān bìng yǐ fēng wéi dòng lì de
帆并以风为动力的

chuán bó shì jì zhōu fá
船舶，是继舟、筏

zhī hòu de yòu yì zhǒng gǔ lǎo
之后的又一种古老

de shuǐ shang jiāo tōng gōng jù
的水上交通工具。

rén men céng chéng zuò fān chuán
人们曾乘坐帆船

jìn xíng le yí cì yòu yí cì de huán qiú háng xíng
进行了一次又一次的环球航行，

rú nián mài zhé lún de huán qiú háng xíng
如1519年麦哲伦的环球航行。

帆船运动起源于荷兰，古代的荷兰地势很低，所以开凿了很多运河，人们普遍使用小帆船运输或捕鱼。

# 轮船

lún chuán de tuī jìn yǒu liǎng zhǒng fāng shì yì zhǒng shì yuán
轮船的推进有两种方式，一种是原
shǐ de yǐ rén lì cǎi tà mù lún tuī jìn lìng yì zhǒng shì yǐ luó
始的以人力踩踏木轮推进，另一种是以螺
xuán jiǎng tuī jìn xiá yì de lún chuán shì zhǐ yòng qì lún jī tuī jìn
旋桨推进。狭义的轮船是指用汽轮机推进
de chuán zhī nián měi guó rén luó bó tè fù ěr dùn jiàn
的船只。1807年，美国人罗伯特·富尔顿建
zào le shì jiè shang dì yī sōu zhēng qì jī dòng lì de lún chuán
造了世界上第一艘蒸汽机动力的轮船。
cóng cǐ lún chuán chéng wéi yǐ lián xù yùn dòng dài tì jiān xiē yùn
从此，轮船成为以连续运动代替间歇运
dòng de jī xiè
动的机械。

## 知识加油站

你知道世界上最著名的轮船是哪一艘吗？答案就是“泰坦尼克号”游轮，因为电影《泰坦尼克号》中浪漫的爱情故事和动人的情节，让世界上数以亿计的人都知道并记住了它的名字。

lún chuán pò chú le dì yù de xiàn zhì gǎi biàn le rén men
轮船破除了地域的限制，改变了人们
de shēng huó xiàn dài huà de lún chuán zhōng yǒu kè lún huò lún hé
的生活，现代化的轮船中有客轮、货轮和
yóu lún děng tā men zhèng zài cóng shì zhe gè zhǒng guān xì dào rén
油轮等，它们正在从事着各种关系到人
lèi mìng yùn de quán qiú xìng shāng yè háng yùn
类命运的全球性商业航运。

集装箱

# 货船

jí zhuāng xiāng huò chuán shì yì zhǒng zhuān mén yòng lái zài
集装箱货船是一种专门用来载
yùn jí zhuāng xiāng de yùn shū chuán bó dì yī sōu jí zhuāng xiāng
运集装箱的运输船舶。第一艘集装箱
chuán shì zài nián yòng yì sōu huò chuán gǎi zhuāng ér chéng
船是在1975年用一艘货船改装而成
de jí zhuāng xiāng huò chuán de xíng tài hé jié gòu gēn cháng guī
的。集装箱货船的形态和结构跟常规
zá huò chuán míng xiǎn bù tóng tā wài xíng xiá cháng dān jiǎ bǎn
杂货船明显不同：它外形狭长，单甲板，
shàng jiǎ bǎn píng zhí huò cāng kǒu kuān dù kě dá chuán kuān de
上甲板平直，货舱口宽度可达船宽的
jí zhuāng xiāng huò chuán zhuāng xiè xiào lǜ gāo tíng gǎng
80%。集装箱货船装卸效率高，停港
shí jiān duǎn dà duō cǎi yòng jīng jì háng sù měi xiǎo shí háng xíng
时间短，大多采用经济航速，每小时航行
yuē qiān mǐ jí zhuāng xiāng
约33千米。集装箱
huò chuán zài huò wù yùn shū
货船在货物运输
shang yǒu zhe fēi cháng dà de
上有着非常大的
zuò yòng tā de chū xiàn cù jìn
作用，它的出现促进
le quán qiú huò wù de liú tōng
了全球货物的流通。

航行中的集装箱货轮

满载的货轮

## 海上巨无霸

集装箱是专门用来装运大型货物的工具，而集装箱货轮则是专门用来运输这些庞大的集装箱的。这种货船体形巨大，负载能力强，简直就是一个海上巨无霸。

智慧讲堂

# 游艇

yóu tǐng shì yì zhǒng zhuān mén
游艇是一种专门
yòng yú bǐ sài huò xiū xián yú lè de
用于比赛或休闲娱乐的
xiǎo tǐng huò xiǎo chuán fēn wéi zhāng fān
小艇或小船，分为张帆
xíng shǐ de yóu tǐng hé jī dòng yóu tǐng
行驶的游艇和机动游艇
liǎng zhǒng qí zhōng yǐ zhāng fān yóu
两种，其中以张帆游
tǐng jiào wéi cháng jiàn zuì xiǎo de yóu
艇较为常见。最小的游
tǐng jiào xiǎo yóu tǐng dà duō shù zhǐ yǒu
艇叫小游艇，大多数只有
yì liǎng míng chuán yuán zuì dà de
一两名船员。最大的
yuǎn yáng sài tǐng kě yǐ yǒu èr shí duō
远洋赛艇可以有二十多
míng chuán yuán jià shǐ yóu tǐng de rén
名船员。驾驶游艇的人
jiào duò shǒu xié zhù tiáo zhěng fān de
叫舵手，协助调整帆的
rén chēng wéi chuán yuán
人称为船员。

yóu tǐng shì yì zhǒng yú lè gōng
游艇是一种娱乐工

## 知识加油站

你知道多少世界上著名的游艇品牌？让我来告诉你几个吧！美国希瑞、意大利丽娃、摩纳哥的沃利、英国的圣汐，这些都是世界上首屈一指的游艇品牌。

jù zhè yì běn zhì tè zhēng shǐ tā qū bié yú zuò wéi yùn shū
具，这一本质特征使它区别于作为运输
gōng jù de gāo sù chuán hé lǚ yóu kè chuán yóu tǐng jiāng huì
工具的高速船和旅游客船。游艇将会
chéng wéi qì chē yí yàng jìn rù jiā tíng de xià yí dài nài yòng
成为汽车一样进入家庭的下一代耐用
xiāo fèi pǐn
消费品。

# 飞机

fēi jī shì yóu yì zhǒng dòng lì zhuāng zhì chǎn shēng qián jìn
飞机是由一种动力装置产生前进
tuī lì yóu gù dìng jī yì chǎn shēng shēng lì zài dà qì céng zhōng
推力，由固定机翼产生升力，在大气层中
fēi xíng de zhòng yú kōng qì de háng kōng qì fēi jī yì bān yóu jī
飞行的重于空气的航空器。飞机一般由机
shēn jī yì shuǐ píng wěi yì hé chuí zhí wěi yì děng gòu chéng
身、机翼、水平尾翼和垂直尾翼等构成。

jǐ qiān nián lái rén lèi yì zhí mèng xiǎng néng xiàng niǎo ér
几千年来，人类一直梦想能像鸟儿
yí yàng zì yóu fēi xiáng fēi jī bǎ zhè ge mèng xiǎng biàn chéng le
一样自由飞翔，飞机把这个梦想变成了

xiàn shí nián yuè rì měi guó lái tè xiōng dì shè jì
现实。1903年12月17日，美国莱特兄弟设计
zhì zào de fēi xíng zhě hào shì fēi chéng gōng nián
制造的“飞行者1号”试飞成功。1949年，
shì jiè shang dì yī jià pēn qì shì kè jī zài yīng guó dàn shēng
世界上第一架喷气式客机在英国诞生。
cóng cǐ fēi jī zhú jiàn chéng wéi rén men shēng chǎn shēng huó zhōng
从此，飞机逐渐成为人们生产生活中
bù kě huò quē de jiāo tōng gōng jù
不可或缺的交通工具。

## 知识加油站

作为使用最广泛、最具有代表性的航空器，飞机的主要组成部分有：推进系统（包括动力装置和燃料）、操纵系统，以及包括机翼、机身和尾翼等在内的机体、起落装置和机载设备。

# 滑翔机

huá xiáng jī shì yì zhǒng méi yǒu dòng lì zhuāng zhì zhòng
滑翔机是一种没有动力装置、重
yú kōng qì de gù dìng yì háng kōng qì tā kě yǐ yóu fēi jī tuō
于空气的固定翼航空器。它可以由飞机拖
zhuài qǐ fēi yě kě yòng jiǎo pán chē huò qì chē qiān yǐn qǐ fēi
曳起飞，也可用绞盘车或汽车牵引起飞，
gèng chū jí de hái kě cóng gāo chù de xié pō xià huá dào kōng
更初级的还可从高处的斜坡下滑到空
zhōng zài wú fēng qíng kuàng xià huá xiáng jī zài xià huá fēi xíng
中。在无风情况下，滑翔机在下滑飞行

## 悬挂式滑翔机

悬挂式滑翔机的起飞方法比较简单，驾驶员手举伞翼迎风奔跑或向山坡下跑，并掌握好迎风角度就可以飞起来。

## 知识加油站

德国工程师和滑翔飞行家奥托·李林塔尔最早设计和制造出实用的滑翔机，人们称其为“滑翔机之父”。现代滑翔机主要用于体育运动，分初级滑翔机和高级滑翔机，前者用于训练飞行，后者用于竞赛和表演。

zhōng yī kào zì shēn zhòng lì de fèn liàng huò dé qián jìn dòng lì
中依靠自身重力的分量获得前进动力，
zhè zhǒng zì shàng ér xià de wú dòng lì xià huá fēi xíng chēng wéi huá
这种自上而下的无动力下滑飞行称为滑
xiáng zài shàng shēng qì liú zhōng huá xiáng jī kě xiàng lǎo yīng
翔。在上升气流中，滑翔机可像老鹰
zhǎn chì nà yàng píng fēi huò shēng gāo tōng cháng chēng wéi áo xiáng
展翅那样平飞或升高，通常称为翱翔。
huá xiáng hé áo xiáng shì huá xiáng jī de jī běn fēi xíng fāng shì
滑翔和翱翔是滑翔机的基本飞行方式。

# 直升机

zhí shēng jī shì yǐ dòng lì qū dòng de xuán yì zuò wéi zhǔ
直升机是以动力驱动的旋翼作为主
yào dòng lì lái yuán néng chuí zhí qǐ luò de zhòng yú kōng qì de
要动力来源，能垂直起落的重于空气的
háng kōng qì zhí shēng jī de zhǔ tǐ shàng fāng ān zhuāng yǒu yí
航空器。直升机的主体上方安装有一
fù huò jǐ fù kù sì luó xuán jiǎng de xuán yì xuán yì yóu dòng lì
副或几副酷似螺旋桨的旋翼。旋翼由动力
zhuāng zhì qū dòng néng zài kōng qì zhōng chǎn shēng xiàng shàng de
装置驱动，能在空气中产生向上的
shēng lì xuán yì shòu zì dòng qīng xié qì cāo zòng yòu kě chǎn
升力，旋翼受自动倾斜器操纵又可产
shēng qián hòu zuǒ yòu de shuǐ píng fēn lì yīn cǐ zhí shēng jī jì
生前后左右的水平分力。因此直升机既
néng chuí zhí shàng shēng xià jiàng kōng zhōng xuán tíng yòu néng xiàng
能垂直上升下降、空中悬停，又能向
qián hòu zuǒ yòu rèn yì fāng xiàng fēi xíng zhí shēng jī de yìng yòng
前后左右任意方向飞行。直升机的应用
jī hū yǐ biàn jí jūn yòng hé mín yòng de gè gè lǐng yù
几乎已遍及军用和民用的各个领域。

## 知识加油站

你知道世界十大直升机吗？它们分别是“阿帕奇”直升机、“科曼奇”直升机、“眼镜蛇”直升机、M–28 直升机、KA–50/52 直升机、M–24 直升机、“虎”式直升机、“猫鼬”直升机、SA341 直升机和“石茶隼”直升机。

飞行中的直升机

# 飞艇

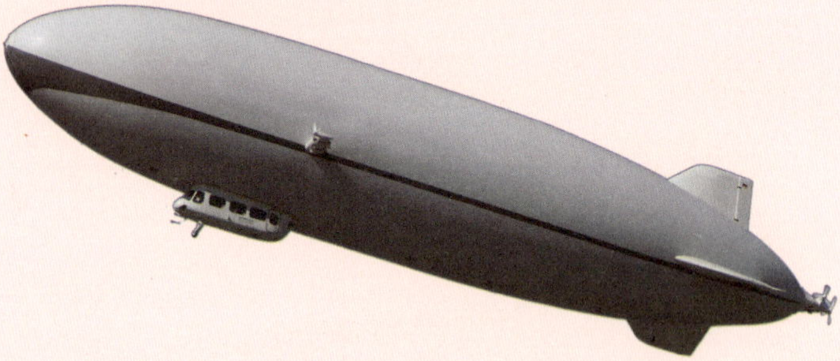

fēi tǐng
飞艇
shì yì zhǒng
是一种
zhuāng yǒu tuī
装有推
jìn zhuāng zhì
进装置、
kě kòng zhì fēi xíng de qīng yú kōng qì de háng kōng qì tā yóu
可控制飞行的、轻于空气的航空器。它由
tǐng tǐ diào cāng wěi miàn hé tuī jìn zhuāng zhì zǔ chéng fēi tǐng
艇体、吊舱、尾面和推进装置组成。飞艇
de tǐng tǐ chéng liú xiàn xíng tā de qì náng nèi chōng mǎn le mì
的艇体呈流线型，它的气囊内充满了密
dù bǐ kōng qì xiǎo de qīng qì huò hài qì jiè yǐ chǎn shēng fú lì
度比空气小的氢气或氦气，借以产生浮力
shǐ fēi tǐng shēng kōng diào cāng wèi yú tǐng tǐ xià miàn gōng rén
使飞艇升空。吊舱位于艇体下面，供人

## 头脑风暴

飞艇属于浮空器的一种，也是利用轻于空气的气体来提供升力的航空器。根据工作原理的不同，浮空器可分为飞艇、系留气球和热气球等，其中飞艇和系留气球是军事利用价值最高的浮空器。

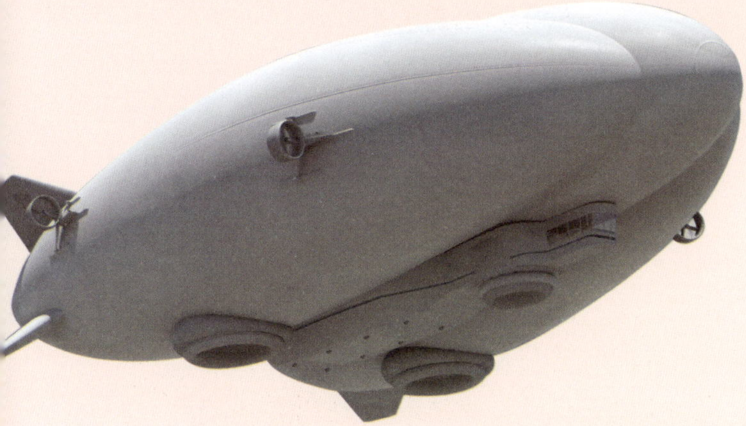

chéng zuò hé zhuāng
乘坐和装
zǎi huò wù wěi
载货物。尾
miàn yòng lái bǎo chí
面用来保持
háng xiàng hé fǔ
航向和俯
yǎng de wěn dìng
仰的稳定。

fēi tǐng jù yǒu ān quán jīng jì háng chéng yuǎn děng tè diǎn zài
飞艇具有安全、经济、航程远等特点，在
hěn duō lǐng yù zhōng fā huī zhe zhòng yào de zuò yòng
很多领域中发挥着重要的作用。

# 现代 客机

现代客机采用大型宽机身，机上的座椅间距大，而且机内的噪声能得到有效的控制，乘坐这种客机会十分舒适。现代客机还装有完善的无线电导航和着陆设

bèi zài è liè de tiān qì tiáo jiàn xià yě néng ān quán qǐ fēi zhuó
备，在恶劣的天气条件下也能安全起飞、着

lù zǒng zhī xiàn dài kè jī jù yǒu ān quán kuài sù shū shì
陆。总之，现代客机具有安全、快速、舒适

děng tè diǎn néng wèi chéng kè men tí gōng mǎn yì de fú wù
等特点，能为乘客们提供满意的服务。

## 客机生产商

目前最大的民航客机是空中客车公司的空中客车 A380。目前世界上有四大主要客机生产商：波音公司（总部在美国）、空中客车公司（总部在欧洲）、庞巴迪公司（总部在加拿大）、巴西航空工业公司（总部在巴西）。

智慧讲堂

jìn nián lái　hánɡ kōnɡ shì yè yǒu le hěn dà de fā zhǎn　yóu qí shì xiàn dài kè jī　xiàn dài kè jī jù yǒu sù dù kuài　zhǔn shí qǐ fēi lǜ ɡāo　yònɡ yóu shěnɡ　piào jià dī lián děnɡ tè diǎn　yīn cǐ bèi rén men chēnɡ wéi kōnɡ zhōnɡ ɡōnɡ ɡònɡ qì chē

近年来，航空事业有了很大的发展，尤其是现代客机。现代客机具有速度快、准时起飞率高、用油省、票价低廉等特点，因此被人们称为空中公共汽车。

### 客机的历史

客机出现于 1919 年，在后来层出不穷的螺旋桨旅客机中，美国研制的 DC-3 曾被认为是最出色的客机。

航行中的客机

JINGDIAN TIANTIANDU XILIE

经典天天读系列

# 宇宙空间探秘

## 第四章

# 航天

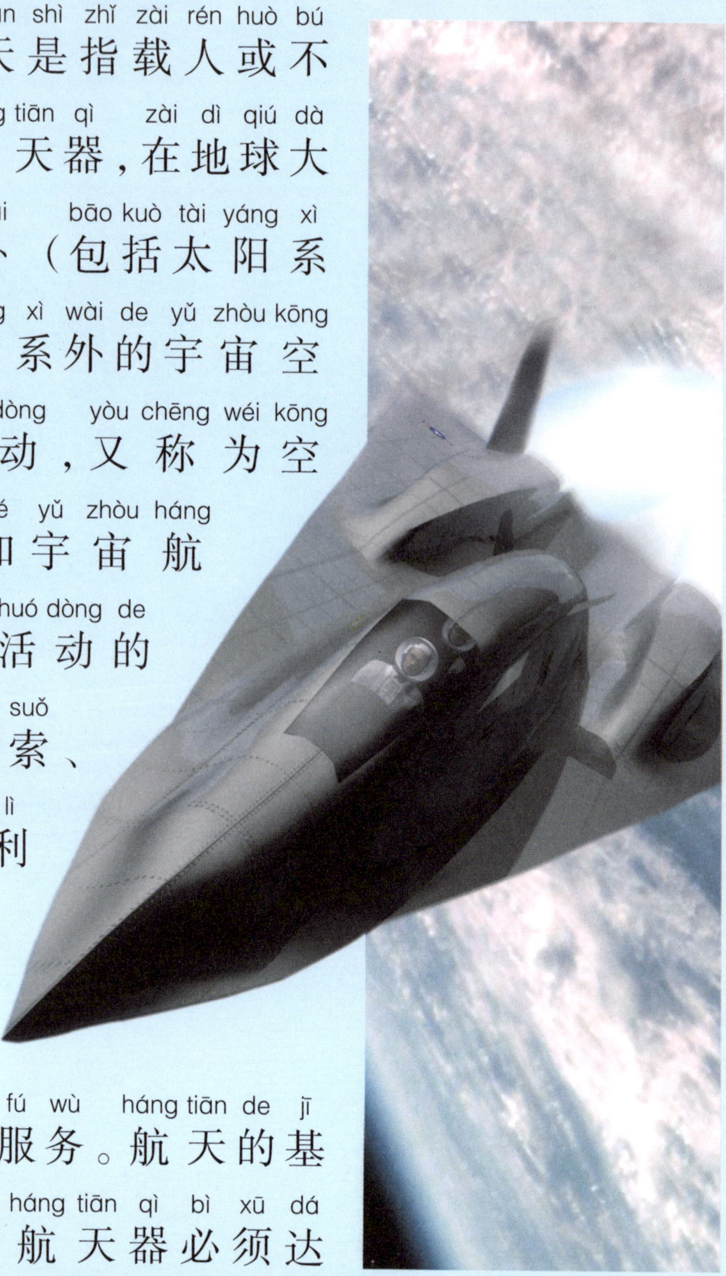

hángtiān shì zhǐ zài rén huò bú
航天是指载人或不
zài rén de hángtiān qì zài dì qiú dà
载人的航天器，在地球大
qì céng yǐ wài bāo kuò tài yáng xì
气层以外（包括太阳系
nèi hé tài yáng xì wài de yǔ zhòu kōng
内和太阳系外的宇宙空
jiān de huó dòng yòu chēng wéi kōng
间）的活动，又称为空
jiān fēi xíng hé yǔ zhòu háng
间飞行和宇宙航
xíng hángtiān huó dòng de
行。航天活动的
mù dì shì tàn suǒ
目的是探索、
kāi fā hé lì
开发和利
yòng tài
用太
kōng yǔ tiān
空与天
tǐ wèi rén lèi fú wù hángtiān de jī
体为人类服务。航天的基
běn tiáo jiàn shì hángtiān qì bì xū dá
本条件是航天器必须达

dào zú gòu de sù dù cái néng
到足够的速度，才能
bǎi tuō dì qiú huò tài yáng de
摆脱地球或太阳的
yǐn lì
引力。

## 知识加油站

一个航天员曾经这样描述宇宙间的一天：早晨，计算机控制的钟唤醒我们起床。醒来拉开窗帘看宇宙空间，阳光灿烂，天色真美。可是不大一会儿，太阳没有了，天暗下来了，黑夜来临了，我们想又该睡觉了吧。

宇宙

# 速度

在不考虑大气作用的情况下，物体速度达到7.9千米/秒，它就不再落回地面，而是环绕地球作圆周飞行，这是第一宇宙速度。航天器飞行速度达到11.2千米/秒，就可以摆脱地球引力的束缚，进入环绕太阳运行的轨道。这个速度便是第二宇宙速度。

当飞行速度达到16.7千米/秒时，飞行器就可以摆脱太阳引力的束缚，进入更广阔的宇宙空间，这个速度就是第三宇宙速度。

在近地轨道上航行的宇航飞船

## 古人的梦想

人类很早就有遨游太空、征服宇宙的理想了，《嫦娥奔月》、《牛郎织女》，以及孙悟空腾云驾雾的能力等等，都代表着古代人类幻想征服太空的愿望。

智慧讲堂

# 航天器

hángtiān qì shì zhǐ zài dì qiú dà qì céng wài yùn xíng de rén
航天器是指在地球大气层外运行的人
zào fēi xíng qì tā fēn wú rén hángtiān qì hé zǎi rén hángtiān qì
造飞行器，它分无人航天器和载人航天器
liǎng dà lèi wú rén hángtiān qì bāo kuò gè zhǒng gōng néng de rén
两大类：无人航天器包括各种功能的人
zào dì qiú wèi xīng yuè qiú tàn cè qì tài yáng tàn cè qì tài
造地球卫星、月球探测器、太阳探测器、太
yáng xì xíng xīng huì xīng xiǎo xíng xīng tàn cè qì yǐ jí qí
阳系行星（彗星、小行星）探测器，以及其
tā yǔ zhòu tàn cè qì zài rén hángtiān qì bāo kuò zuò wéi tiān tǐ
他宇宙探测器；载人航天器包括作为天体
jiān wǎng fǎn yùn shū gōng jù de zài rén fēi chuán hángtiān fēi jī
间往返运输工具的载人飞船、航天飞机。
suí zhe gè zhǒng tài kōng shí yàn shì de jiàn lì hé zài rén hángtiān
随着各种太空实验室的建立和载人航天
jì shù de zhú bù wán shàn rén lèi duì wài tài kōng de tàn suǒ jiāng
技术的逐步完善，人类对外太空的探索将
gèng jiā shēn rù
更加深入。

## 知识加油站

至今，航天器基本上都在太阳系内运行。美国 1972 年 3 月发射的“先驱者 10 号”探测器，在 1986 年 10 月越过冥王星的平均轨道，成为第一个飞出太阳系的航天器。

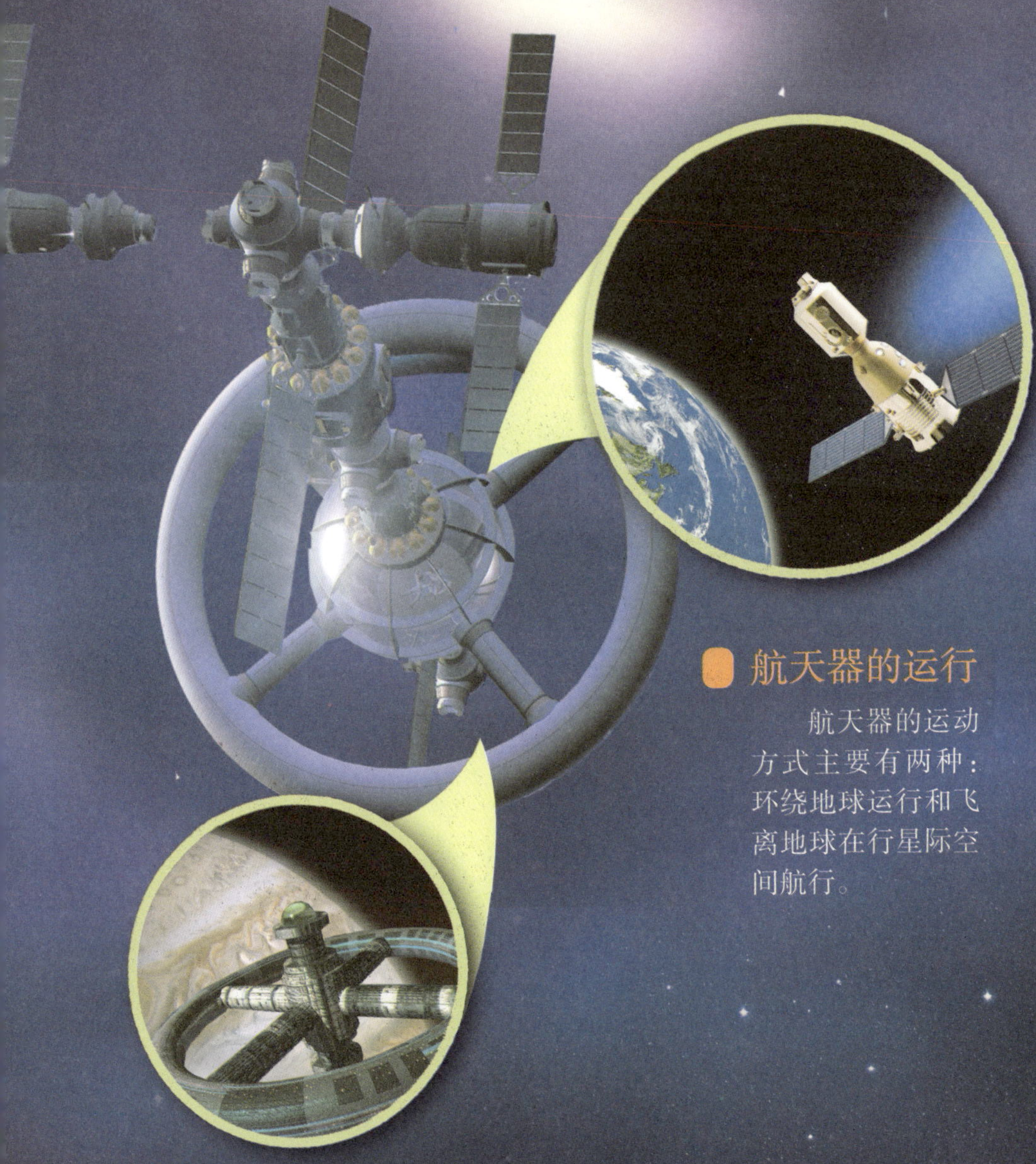

### 航天器的运行

航天器的运动方式主要有两种：环绕地球运行和飞离地球在行星际空间航行。

# 控制中心

dì miàn kòng zhì zhōng xīn shì shǐ dì miàn rén yuán liǎo jiě háng
地面控制中心是使地面人员了解航
tiān qì de fēi xíng guǐ dào fēi xíng zī tài háng tiān qì gè xì tǒng
天器的飞行轨道、飞行姿态、航天器各系统
jí zhǔ yào shè bèi de gōng zuò zhuàng tài wán chéng dì miàn kòng zhì
及主要设备的工作状态，完成地面控制
rén yuán duì háng tiān qì kòng zhì de chǎng suǒ zài rén háng tiān kòng
人员对航天器控制的场所。载人航天控
zhì zhōng xīn chéng dān zhe jiē shōu jì lù zài rén háng tiān qì de
制中心承担着接收记录载人航天器的

**卫星运行控制中心**

卫星运行控制中心是指挥卫星工作的枢纽，同时也是卫星的地面指挥部。

## 知识加油站

酒泉卫星发射中心又称“东风航天城”，是中国组建最早、规模最大的综合性航天发射基地，同时也是中国唯一的载人航天发射场，中国的所有载人航天器都是在这里发射升空的。

gōng zuò shù jù　duì zài rén háng tiān qì de fēi xíng guǐ dào hé fēi
工作数据、对载人航天器的飞行轨道和飞
xíng zī tài jìn xíng kòng zhì de rèn wù　hái yào jiē shōu háng tiān yuán
行姿态进行控制的任务，还要接收航天员
de diàn shì tú xiàng　kē xué shí yàn de shù jù　duì háng tiān yuán
的电视图像、科学实验的数据，对航天员
de gōng zuò hé cāo zuò jìn xíng zhǐ dǎo　zhǐ huī duì fǎn huí dì miàn
的工作和操作进行指导，指挥对返回地面
de háng tiān yuán de jiù yuán děng gōng zuò
的航天员的救援等工作。

# 运载

## 火箭

### 运载火箭的发展

自1957年苏联首次利用运载火箭发射第一颗人造卫星，至20世纪80年代，世界各国已研制成功20多种大、中、小型运载火箭。

yùn zài huǒ jiàn shì yì zhǒng
运载火箭是一种

yóu duō jí huǒ jiàn zǔ chéng de háng
由多级火箭组成的航

tiān yùn shū gōng jù ， zhǔ
天运输工具，主

yào yòng yú jiāng rén zào
要用于将人造

dì qiú wèi xīng 、 zài rén
地球卫星、载人

fēi chuán 、 kōng jiān zhàn 、
飞船、空间站、

kōng jiān tàn cè qì děng
空间探测器等

yǒu xiào zài hé sòng rù yù
有效载荷送入预

定轨道。运载火箭是在导弹的基础上发展而来的，一般由2级～4级组成。每一级都包括箭体结构、推进系统和飞行控制系统，末级有仪器舱，内装制导与控制系统、遥测系统和发射场安全系统。级与级之间靠级间段连接。有效载荷安装在仪器舱的上面，外面套有整流罩。

第一枚成功发射卫星的运载火箭是前苏联用洲际导弹改装的卫星号运载火箭。

# 航天飞机

航天飞机又称太空梭或太空穿梭机，是可重复使用的、往返于太空和地面之间的航天器，结合了飞机与航天器的性质。它既能代替运载火箭把人造卫星等航天器送入太空，也能像载人飞船那样在轨道上运行，还能像飞机那样在大气层中滑翔着陆。航天飞机为人类自由进出太空提供了便利，是航天发展史上的一个里程碑。

## 知识加油站

航天飞机是火箭、航天器和航空器的综合产物。航天飞机可乘坐 7 名航天员，其中有 3 名机组人员，4 名科学技术专家。航天飞机在轨道上运行时，可完成释放卫星、回收及维修卫星，以及进行各种微重力科学实验等多种任务。

航天飞机发射现场

# 空间探测器

kōng jiān tàn cè qì yòu chēng shēn kōng tàn cè qì huò yǔ zhòu
空间探测器又称深空探测器或宇宙
tàn cè qì shì zhǐ duì yuè qiú tài yáng tài yáng xì xíng xīng
探测器，是指对月球、太阳、太阳系行星、
huì xīng xiǎo xíng xīng jí yǔ zhòu tiān tǐ hé kōng jiān jìn xíng tàn cè
彗星、小行星及宇宙天体和空间进行探测
de wú rén háng tiān qì kě fēn wéi yuè qiú tàn cè qì xíng xīng hé
的无人航天器，可分为月球探测器、行星和
xíng xīng jì tàn cè qì xiǎo tiān tǐ tàn cè qì
行星际探测器、小天体探测器
děng kōng jiān tàn cè qì zhuāng zài kē xué
等。空间探测器装载科学
tàn cè yí qì yóu yùn zài huǒ jiàn sòng rù tài
探测仪器，由运载火箭送入太

## 头脑风暴

1958 年 1 月 31 日美国成功发射第一颗卫星探险者 1 号，它首次探测到地球周围存在一个高能电子、粒子聚集的辐射带，这就是著名的范·艾伦辐射带。这是利用人造卫星和空间探测器最初探测的典型成果。

kōng fēi jìn yuè qiú huò xíng xīng jìn xíng jìn jù lí guān cè wèi rén
空，飞近月球或行星进行近距离观测，为人
lèi yán jiū dì qiú xì tǒng tài yáng xì yín hé xì jú bù yǔ
类研究地球系统、太阳系、银河系、局部宇
zhòu shēng mìng wù zhì qǐ yuán děng zì rán xiàn xiàng jí qí guī lǜ
宙、生命物质起源等自然现象及其规律
tí gōng le zhòng yào zī liào
提供了重要资料。

# 载人航天器

zài rén háng tiān qì shì zài rào dì qiú guǐ dào huò wài céng kōng
载人航天器是在绕地球轨道或外层空
jiān àn shòu kòng fēi xíng lù xiàn yùn xíng de zài rén de fēi xíng qì
间按受控飞行路线运行的载人的飞行器。
zài rén háng tiān qì jù yǒu bǎo zhàng yǔ háng yuán shēng cún de shēng
载人航天器具有保障宇航员生存的生
mìng bǎo zhàng gōng néng cāng nèi yǒu shì hé rén lèi shēng cún de dà
命保障功能，舱内有适合人类生存的大
qì yā hé dà qì chéng fèn yǒu shì yí de wēn dù hé shī dù bìng
气压和大气成分，有适宜的温度和湿度，并
tí gōng yǐn shuǐ shí wù jí shēng huó shè shī jù yǒu rén gōng zuò
提供饮水、食物及生活设施，具有人工作
suǒ xū de cāo zuò hé shí yàn shè bèi xiǎn shì xì tǒng huì jí shí xiǎn
所需的操作和实验设备，显示系统会及时显
shì háng tiān qì gōng zuò zhuàng tài hé shí yàn shù jù cǐ wài zài
示航天器工作状态和实验数据。此外，载
rén háng tiān qì hái jù yǒu tiān dì
人航天器还具有天地
tōng xìn gōng néng qí nèi yǒu yí
通信功能，其内有一
dìng de huó dòng kōng jiān shǐ yǔ
定的活动空间，使宇
háng yuán néng bǐ jiào shū shì de
航员能比较舒适地
zài lǐ miàn gōng zuò hé shēng
在里面工作和生

## 载人航天器

载人航天器家族中有三个成员：载人飞船、空间站和航天飞机。其中，载人飞船规模最小、技术简单、费用较低，被首先用于突破载人航天的基本技术。世界上第一个载人航天器是1961年前苏联发射的“东方1号”载人飞船。

智慧讲堂

带有太阳能电池板的航天器

载人航天器

# 空间站

kōng jiān zhàn shì yì zhǒng zài dì qiú wèi xīng guǐ dào shang
空间站是一种在地球卫星轨道上
háng xíng de zài rén háng tiān qì shè zhì yǒu tōng xìn jì suàn děng
航行的载人航天器，设置有通信、计算等
shè bèi néng gòu jìn xíng tiān wén shēng wù kōng jiān jiā gōng děng
设备，能够进行天文、生物、空间加工等
fāng miàn de kē xué jì shù yán jiū
方面的科学技术研究。

kōng jiān zhàn shì zhǐ zài tài kōng yùn xíng háng tiān yuán néng
空间站是指在太空运行，航天员能
zài qí zhōng cháng qī shēng huó gōng zuò bìng jù yǒu tíng bó qí
在其中长期生活、工作，并具有停泊其
tā háng tiān qì gōng néng de zài rén háng tiān qì qí zhǔ yào yòng
他航天器功能的载人航天器。其主要用
tú shì lì yòng shī zhòng huán jìng jìn xíng cái liào jiā gōng shēng wù
途是利用失重环境进行材料加工、生物

## 知识加油站

空间站可分为单舱段空间站和多舱段空间站两大类。俄罗斯“和平”号空间站就是一个典型的多舱段空间站，它于 1986 年 2 月 20 日发射，由一个多功能对接舱、一个工作舱和一个推进舱所组成，一直工作了 15 年。

jì shù　shī zhòng kē xué　shēng mìng kē xué děng kē xué shí yàn hé
技术、失重科学、生命科学等科学实验和

gōng chéng jì shù shì yàn　lì yòng gāo dù　zī yuán jìn xíng duì dì
工程技术试验，利用高度资源进行对地

guān cè hé tài yáng guān cè
观测和太阳观测。

通信

# 卫星

tōng xìn wèi xīng shì wú xiàn diàn tōng xìn de zhōng zhuǎn zhàn
通信卫星是无线电通信的中转站，
tā yì bān zài dì qiú tóng bù jìng zhǐ guǐ dào shang yùn xíng tōng xìn
它一般在地球同步静止轨道上运行。通信
wèi xīng fù gài dì qiú biǎo miàn de miàn jī bǐ jiào dà sān kē wèi
卫星覆盖地球表面的面积比较大，三颗卫
xīng jiù kě yǐ fù gài dì qiú biǎo miàn de jué dà bù fen shí xiàn
星就可以覆盖地球表面的绝大部分，实现
shì jiè fàn wéi de tōng xìn
世界范围的通信。

**通信卫星**

通信卫星是世界上应用最早、最广的卫星之一，许多国家都发射了通信卫星。

## 知识加油站

中国第一颗静止轨道通信卫星“东方红二号”是于 1984 年 4 月 8 日发射的。目前，中国已成功发射了 5 颗通信卫星。这些卫星广泛应用于广播、电视信号传输、远程通讯等领域，在中国经济建设过程中发挥着巨大作用。

nián yuè rì měi guó jiāng yì kē míng wéi chén
1965 年 4 月 6 日，美国将一颗名为“晨
niǎo hào de tōng xìn wèi xīng chéng gōng sòng rù tài kōng jiē kāi le
鸟”号的通信卫星成功送入太空，揭开了
guó jì tōng xìn wèi xīng fā zhǎn de xù mù zhì jīn guó jì tōng xìn
国际通信卫星发展的序幕。至今，国际通信
wèi xīng yǐ fā zhǎn zhì dì jiǔ dài
卫星已发展至第九代。

# 导航 卫星

dǎo háng wèi xīng shì zhǐ wèi dì
导航卫星是指为地
miàn hǎi yáng kōng zhōng hé kōng jiān
面、海洋、空中和空间
yòng hù dǎo háng dìng wèi de rén zào dì
用户导航定位的人造地
qiú wèi xīng tā shǔ yú wèi xīng dǎo
球卫星，它属于卫星导
háng xì tǒng
航系统
de kōng jiān bù
的空间部
fen shè yǒu
分，设有
zhuān yòng de
专用的

wú xiàn diàn dǎo háng shè bèi zhǐ yào
无线电导航设备。只要
tóng shí jiē shōu kē wèi xīng fā shè
同时接收4颗卫星发射
de dǎo háng xìn hào jiù kě yǐ huò zhī
的导航信号，就可以获知

zì jǐ suǒ zài de jīng dù wěi
自己所在的经度、纬
dù hé gāo dù cóng ér què
度和高度，从而确
dìng chū zì jǐ de jīng què wèi
定出自己的精确位
zhì lì yòng wèi xīng jìn xíng
置。利用卫星进行
dǎo háng jù yǒu jí dà de yōu
导航具有极大的优
yuè xìng mù qián dǎo háng wèi
越性。目前，导航卫
xīng de yìng yòng yǐ jīng kuò zhǎn dào gè gè lǐng yù duì shè huì
星的应用已经扩展到各个领域，对社会
de jìn bù yǒu zhe zhòng yào zuò yòng
的进步有着重要作用。

## 知识加油站

目前，中国正在实施自主发展、独立运行的全球卫星导航系统。至2010年前，中国已成功发射4颗北斗导航试验卫星和4颗北斗导航卫星。2013年8月1日5时30分，西昌卫星发射中心又成功发射了第五颗北斗导航卫星。

# 气象

## 卫星

qì xiàng wèi xīng
气象卫星
shì zhǐ xié dài gè zhǒng
是指携带各种
dà qì yáo gǎn tàn cè yí
大气遥感探测仪
qì cóng tài kōng duì dì
器，从太空对地
qiú dà qì céng jìn xíng qì xiàng guān cè de rén zào wèi xīng qì
球大气层进行气象观测的人造卫星。气
xiàng wèi xīng zhōng de qì xiàng yáo gǎn qì néng gòu jiē shōu dì qiú
象卫星中的气象遥感器能够接收地球
jí qí dà qì de kě jiàn guāng hóng wài xiàn hé wēi bō fú shè
及其大气的可见光、红外线和微波辐射，
bìng jiāng zhè xiē xìn xī chuán sòng dào dì miàn dì miàn jiē
并将这些信息传送到地面，地面接
shōu zhàn jiē shōu hòu huì zhì chū gè zhǒng
收站接收后绘制出各种

yún céng dì biǎo hé yáng
云层、地表和洋
miàn tú piàn jù cǐ kē
面图片。据此，科
xué jiā jiù kě yǐ dé zhī tiān
学家就可以得知天
qì biàn huà de qū shì yán
气变化的趋势，研
jiū tiān qì xiàn xiàng hé biàn
究天气现象和变
huà guī lǜ děng
化规律等。

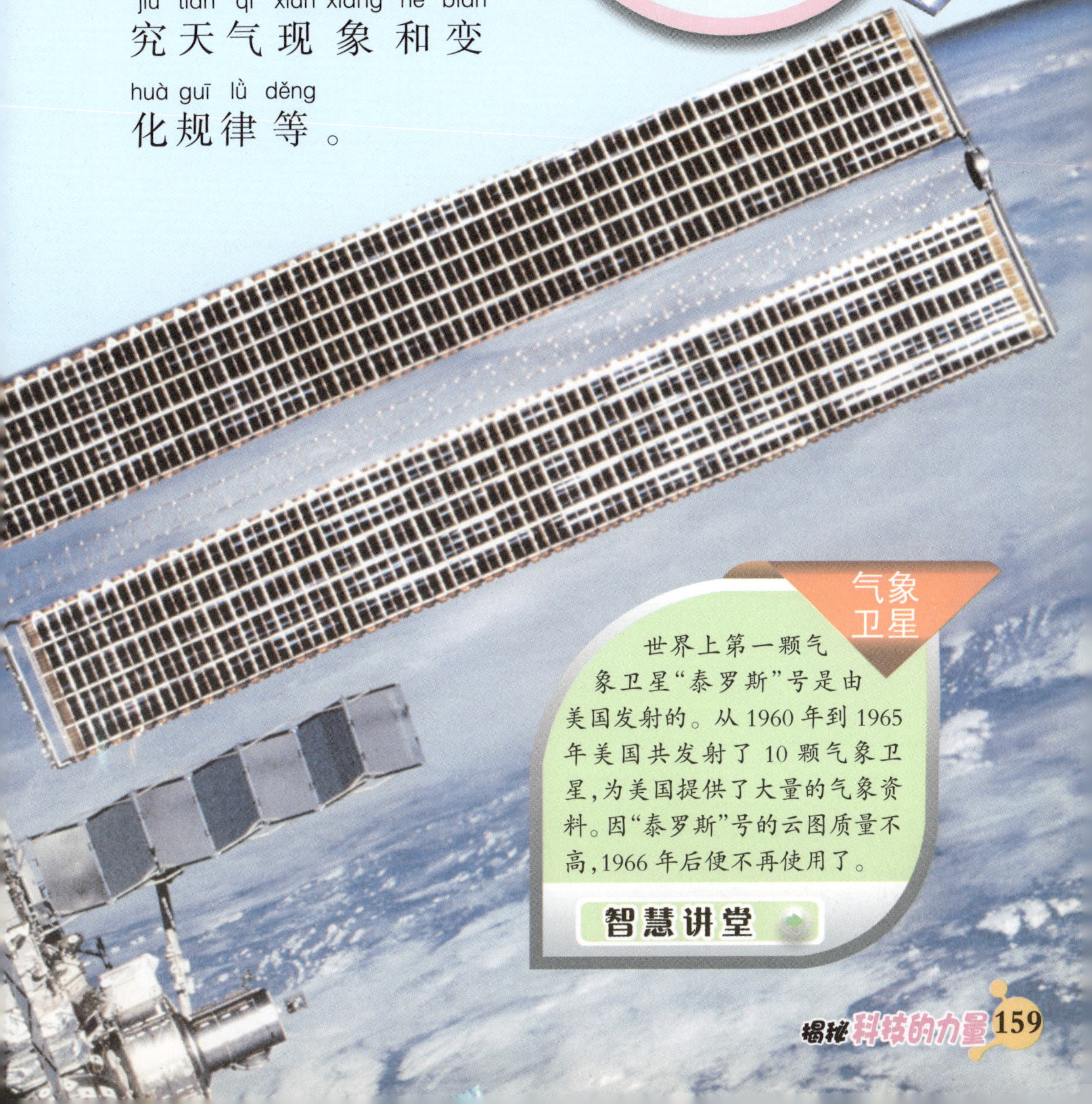

### 气象卫星

世界上第一颗气象卫星“泰罗斯”号是由美国发射的。从 1960 年到 1965 年美国共发射了 10 颗气象卫星，为美国提供了大量的气象资料。因“泰罗斯”号的云图质量不高，1966 年后便不再使用了。

智慧讲堂

# 资源卫星

zī yuán wèi xīng shì kān cè dì qiú zì rán zī yuán de wèi
资源卫星是勘测地球自然资源的卫
xīng tā lì yòng wù tǐ duì diàn cí bō fǎn shè xī shōu hé fú shè
星。它利用物体对电磁波反射、吸收和辐射
de chā yì néng gòu fā xiàn rén men ròu yǎn kàn bu dào de dì céng
的差异，能够发现人们肉眼看不到的地层
jié gòu dì zhì gòu zào dì xià kuàng cáng lì shǐ gǔ jì hái
结构、地质构造、地下矿藏、历史古迹，还
kě yòng yú pǔ chá nóng zuò wù sēn lín hǎi yáng kōng qì děng
可用于普查农作物、森林、海洋、空气等
zī yuán yù bào hé jiàn bié nóng zuò wù de shōu chéng kǎo chá hé
资源，预报和鉴别农作物的收成，考察和
yù bào gè zhǒng zì rán zāi hài yì bān zī yuán wèi xīng zài tài yáng
预报各种自然灾害，一般资源卫星在太阳
tóng bù guǐ dào yùn xíng fēn wéi lù dì zī yuán wèi xīng hé hǎi yáng
同步轨道运行，分为陆地资源卫星和海洋
zī yuán wèi xīng liǎng lèi xǔ duō guó jiā dōu fā zhǎn le zì jǐ de
资源卫星两类。许多国家都发展了自己的
zī yuán wèi xīng xiàn zài zài tài kōng guǐ dào shang yùn xíng de zī
资源卫星，现在在太空轨道上运行的资
yuán wèi xīng yǐ yǒu sān shí duō kē
源卫星已有三十多颗。

## 知识加油站

世界上第一颗陆地资源卫星是美国于 1972 年 7 月 23 日发射的，名为“陆地卫星 1 号”。该资源卫星运行在轨道倾角 99° 、高 920 千米的近圆形太阳同步轨道上，每 18 天覆盖全球一遍。

正在工作的气象卫星想象图

# 天文

## 卫星

tiān wén wèi xīng shì zhǐ duì yǔ zhòu tiān tǐ hé qí tā kōng jiān
天文卫星是指对宇宙天体和其他空间
wù zhì jìn xíng guān cè de rén zào dì qiú wèi xīng háng tiān jì shù
物质进行观测的人造地球卫星。航天技术
jiāng tiān wén wàng yuǎn jìng cóng dì miàn yí zhì tài kōng bì kāi le
将天文望远镜从地面移至太空，避开了
dà qì céng de gān rǎo hé guò lǜ shǐ rén men duì yǔ zhòu tiān tǐ
大气层的干扰和过滤，使人们对宇宙天体
hé qí tā tài kōng wù zhì de guān cè huò dé le qián suǒ wèi yǒu de
和其他太空物质的观测获得了前所未有的
fēng fù xìn xī duì rén lèi yán jiū tiān tǐ de jié gòu xíng tài fēn
丰富信息，对人类研究天体的结构、形态、分

bù yùn xíng hé yǎn huà děng yǒu hěn dà de
布、运行和演化等有很大的

bāng zhù dì yī kē tiān wén wèi xīng shì měi
帮助。第一颗天文卫星是美

guó yú nián fā shè de tài yáng fú
国于1960年发射的太阳辐

shè jiān cè wèi xīng
射监测卫星。

**重要发现**

轨道天文台是美国的天文卫星系列，主要用于探测宇宙天体辐射的紫外线、X射线和γ射线，其中轨道天文台3号在天蝎座还发现了一个与一颗超巨星相伴的黑洞，从而开始了揭开宇宙暗物质研究的旅程。

**智慧讲堂**

# 科学

## 实验卫星

### 实践一号卫星

实践一号卫星是中国第一颗科学探测和技术实验卫星。它于1971年3月3日发射，重221千克，直径1米。

kē xué shí yàn wèi xīng shì zhǐ
科学实验卫星是指
zài tài kōng zhí xíng kē xué jì shù
在太空执行科学技术
shí yàn de wèi xīng
实验的卫星。

kē xué shì yàn wèi xīng
科学试验卫星
zhōng zuì ràng rén gǎn xìng qù
中最让人感兴趣
de shì shēng wù wèi xīng zài
的是生物卫星。在

zài rén háng tiān zhī qián bì xū xiān jìn xíng dòng wù shì yàn cè shì
载人航天之前必须先进行动物试验，测试
dòng wù néng fǒu shì yìng tài kōng shēng huó yǐ jí tài kōng shī
动物能否适应太空生活，以及太空失
zhòng qiáng fú shè huán jìng
重、强辐射环境
duì dòng wù shēng zhǎng fā
对动物生长、发
yù yí chuán shēng yù yǒu
育、遗传、生育有
shén me yǐng xiǎng cǎi qǔ shén
什么影响，采取什
me fáng hù cuò shī rán hòu
么防护措施，然后
cái néng shèn zhòng de jiāng yǔ
才能慎重地将宇
háng yuán sòng rù tài kōng
航员送入太空。

科学实验卫星主要包括空间物理探测卫星、天文卫星、生物卫星和空间微重力试验卫星等。

# 救援卫星

jiù yuán wèi xīng shì zhǐ tōng guò wèi xīng sōu suǒ jiù yuán shī
救援卫星是指通过卫星搜索，救援失
shì de fēi jī chuán bó hé gè rén yǐ biàn cǎi qǔ jiù yuán xíng
事的飞机、船舶和个人，以便采取救援行
dòng de wèi xīng zhào hè zī pín lǜ xìn biāo shì zhuān wèi wèi
动的卫星。406兆赫兹频率信标是专为卫
xīng sōu suǒ yǔ jiù yuán shè jì de wèi xīng shang ān zhuāng de zhè
星搜索与救援设计的，卫星上安装的这

## 知识加油站

在世博会太空家园馆里，展示了一套“天地一体化应急救援系统”，它描绘出了未来世界的应急救援体系。该系统由中国航天科技、中国航天科工以及中国电子科技三大集团公司共同筹建。

zhǒng xìn biāo zhuǎn fā qì kě yǐ jiāng shī shì fēi jī huò chuán bó
种信标转发器，可以将失事飞机或船舶

de lèi xíng dēng jì hào guó jí zuò biāo shì jiàn xìng zhì hé shí
的类型、登记号、国籍、坐标、事件性质和时

jiān děng biān mǎ xìn xī chuán shū gěi dì miàn kòng zhì zhōng xīn cóng
间等编码信息传输给地面控制中心，从

ér jí shí shí shī jiù yuán lì rú guó jì hǎi shì wèi xīng xì tǒng
而及时实施救援，例如国际海事卫星系统。

# 航天员

háng tiān yuán shì zhǐ jià shǐ wéi xiū hé guǎn lǐ háng tiān
航天员是指驾驶、维修和管理航天
qì bìng zài háng tiān guò chéng zhōng cóng shì kē yán shēng chǎn hé
器，并在航天过程中从事科研生产和
jūn shì děng huó dòng de rén yuán háng tiān yuán yǒu zhí yè hé fēi
军事等活动的人员。航天员有职业和非
zhí yè liǎng lèi yì bān bāo kuò jià shǐ yuán rèn wù zhuān jiā hé
职业两类，一般包括驾驶员、任务专家和
zài hè zhuān jiā huò zhǐ lìng zhǎng jià shǐ yuán suí chuán gōng
载荷专家，或指令长、驾驶员、随船工
chéng shī fēi xíng gōng chéng shī háng tiān yuán shì kāi tà tài kōng
程师、飞行工程师。航天员是开拓太空
zhī lù de xiān fēng zuò wéi yì
之路的先锋，作为一
míng háng tiān yuán xū yào jù yǒu
名航天员需要具有
chóng gāo de xiàn shēn jīng shén
崇高的献身精神、
gāo shēn de xué shí shuǐ píng
高深的学识水平、
fēi fán de gōng zuò néng lì
非凡的工作能力、
liáng hǎo de xīn lǐ sù zhì hé
良好的心理素质和
jiàn kāng de shēn tǐ tiáo jiàn
健康的身体条件。

## 第一位男性和女性宇航员

世界上第一名宇航员是前苏联的尤里·加加林,他在1961年4月乘坐东方1号进入太空。第一位女性宇航员是瓦伦蒂娜·特雷斯科娃,她在1963年6月乘坐东方6号进入太空。

智慧讲堂

在太空舱外的宇航员

漂浮的宇航员

第四章 宇宙空间探秘 4

人类首次

# 登月

nián yuè rì tǔ xīng hào yùn zài huǒ jiàn
1969年7月21日，“土星5号”运载火箭
yùn zài zhe ā bō luó hào fēi chuán cóng kěn ní dí háng tiān
运载着“阿波罗11号”飞船从肯尼迪航天
zhōng xīn qǐ fēi zài huán rào dì qiú fēi xíng yì quān bàn hòu dì
中心起飞。在环绕地球飞行一圈半后，第
sān jí huǒ jiàn fā dòng jī diǎn huǒ gōng zuò shǐ fēi chuán hé huǒ jiàn
三级火箭发动机点火工作，使飞船和火箭
dì sān jí yì qǐ fēi xiàng yuè qiú guǐ dào liǎng míng háng tiān yuán
第三级一起飞向月球轨道。两名航天员
jìn rù dēng yuè cāng dēng yuè cāng xià jiàng dāng jiàng dī dào zhǐ
进入登月舱，登月舱下降，当降低到只
yǒu mǐ de gāo dù shí dēng yuè cāng sì tiáo dà tuǐ wěn
有140米的高度时，登月舱四条“大腿”稳
wěn de zhī chēng zhe dēng yuè cāng chù lì zài yuè miàn shang háng tiān
稳地支撑着登月舱矗立在月面上，航天
yuán dǎ kāi cāng mén tā zhe tī zi xià dào yuè miàn kāi shǐ le
员打开舱门，踏着梯子下到月面，开始了
rén lèi zài yuè miàn shang de huó dòng
人类在月面上的活动。

## 知识加油站

1969 年 7 月 16 日“阿波罗 -11”号飞船降落到月球表面，宇航员们在月球上留下刻有下述文字的“纪念碑”：公元 1969 年 7 月，地球行星上的人类，在此首次踏上月球，我们代表全人类的和平来此。

# 4 中国载人航天第一人——杨利伟

运载火箭发射现场

yáng lì wěi shì zhōng
杨利伟是中
guó de tè jí háng tiān
国的特级航天
yuán nián bì yè yú
员。1987年毕业于
kōng jūn dì bā fēi xíng xué
空军第八飞行学
yuàn lì rèn kōng jūn háng kōng bīng mǒu shī fēi xíng yuán zhōng duì
院，历任空军航空兵某师飞行员、中队
zhǎng jù yǒu fēng fù de jià shǐ jīng yàn nián yuè
长，具有丰富的驾驶经验。2003年10月15
rì běi jīng shí jiān shí yáng lì wěi chéng zuò yóu cháng zhēng èr
日，北京时间9时，杨利伟乘坐由长征二
hào huǒ jiàn yùn zài de shén zhōu wǔ hào fēi chuán jìn rù tài kōng
号F火箭运载的神舟五号飞船进入太空，
chéng wéi zhōng guó de dì yī wèi tài kōng rén
成为中国的第一位太空人。

## 头脑风暴

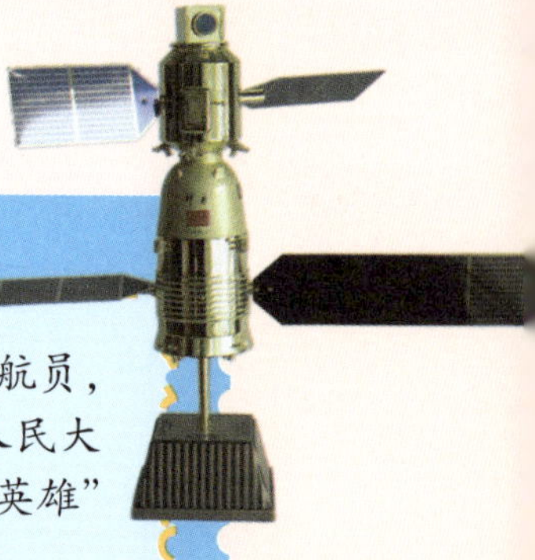

杨利伟是中华人民共和国第一位进入太空的宇航员，圆了中华民族的飞天之梦。2003年11月7日，在人民大会堂，中共中央、国务院、中央军委授予杨利伟“航天英雄”的荣誉称号。

JINGDIAN TIANTIANDU XILIE

经典天天读系列

# 第五章 通讯与网络

# 电话

diàn huà shì lì yòng diàn xìn hào jiāng rén men de yǔ yán cóng
电话是利用电信号将人们的语言从
yí chù chuán sòng dào lìng yí chù de zhuāng zhì xiàn dài diàn huà néng
一处传送到另一处的装置。现代电话能
zài shùn jiān bǎ rén de shēng yīn chuán dào wàn lǐ zhī wài qí chuán
在瞬间把人的声音传到万里之外，其传
bō sù dù wéi wàn qiān mǐ miǎo yǐ shàng dǎ diàn huà shí fā
播速度为30万千米/秒以上。打电话时，发
huà rén ná qǐ diàn huà duì huà tǒng jiǎng huà rén de shēng yīn shǐ kōng
话人拿起电话对话筒讲话，人的声音使空
qì zhèn dòng xíng chéng shēng bō shēng bō zuò yòng yú huà tǒng suí
气振动形成声波，声波作用于话筒，随
zhe shēng yīn de dà xiǎo gāo dī de biàn huà diàn huà nèi de diàn
着声音的大小、高低的变化，电话内的电

lù chǎn shēng xiāng yìng de diàn liú biàn huà diàn liú yán zhe chuán shū
路产生相应的电流变化，电流沿着传输
xiàn lù chuán sòng dào duì fāng diàn huà jī de tīng tǒng diàn xìn hào
线路传送到对方电话机的听筒，电信号
yòu zhuǎn wéi shēng yīn zhèn dòng jiù kě yǐ tīng dào fā huà rén de
又转为声音振动，就可以听到发话人的
shēng yīn le
声音了。

## 知识加油站

自1876年3月10日贝尔发明了电话机以后，电话机就成为人们的生活必需品。通常人们认为贝尔是电话的发明者。但是，美国国会2002年6月15日269号决议确认安东尼奥·梅乌奇为电话的发明人。

安装在墙上的公用电话

# 移动 电话

yí dòng diàn huà yòu chēng shǒu
移动电话又称手

jī yú shì jì nián dài tóu rù
机，于20世纪70年代投入

shǐ yòng yí dòng diàn huà bù xū yào diàn
使用。移动电话不需要电

huà xiàn xié dài shí fēn fāng biàn rú
话线，携带十分方便。如

guǒ yào tóng mǒu bù yí dòng diàn huà tōng
果要同某部移动电话通

huà yí dòng jiāo huàn jú jiù xiàng quán
话，移动交换局就向全

wǎng fā chū hū jiào bèi hū jiào huà jī
网发出呼叫，被呼叫话机

shōu dào hòu fā chū xìn hào gěi yí dòng
收到后，发出信号给移动

jiāo huàn jú yí dòng jiāo huàn jú biàn
交换局，移动交换局便

jiāng yí gè diàn huà xìn dào fēn pèi gěi gāi
将一个电话信道分配给该

huà jī bìng chuán sòng xìn hào gěi gāi
话机，并传送信号给该

huà jī zhè shí huà jī zhèn líng xiǎng
话机，这时话机振铃响

yìng yí cì tōng huà biàn wán chéng le
应，一次通话便完成了。

## 知识加油站

目前，我们使用的是GSM 和 CDMA 手机，其功能增加了短信服务和手机银行服务等功能。而 3G 技术(第三代移动通信)的应用，极大地扩展了手机的功能，使通信科技更加充分地为人类服务。

可视

# 电话

kě shì diàn huà shì jì kě tōng huà yòu kě chuán sòng duì fāng yǐng
可视电话是既可通话又可传送对方影
xiàng de diàn huà kě shì diàn huà shì yóu diàn huà jī shè xiàng shè
象的电话。可视电话是由电话机、摄像设
bèi diàn shì jiē shōu xiǎn shì shè bèi jí kòng zhì qì zǔ chéng de
备、电视接收显示设备及控制器组成的。

## 可视电话分类

可视电话根据图像显示的不同，可分为静态图像可视电话和动态图像可视电话。

## 知识加油站

可视电话属于多媒体通信范畴，是一种有着广泛应用领域的视讯会议系统，使人们在通话时能够看到对方影像。它不仅适用于家庭生活，还可以广泛应用于各项商务活动、远程教学、医疗诊断、科学考察等不同行业的多种领域。

kě shì diàn huà lì yòng diàn huà xiàn lù shí shí chuán sòng yǔ
可视电话利用电话线路实时传送语
yīn hé tú xiàng yòng hù de bàn shēn xiàng zhào piān wù pǐn
音和图像（用户的半身像、照片、物品
děng rú guǒ shuō pǔ tōng diàn huà shì shùn fēng ěr de huà nà
等），如果说普通电话是“顺风耳”的话，那
kě shì diàn huà jì shì shùn fēng ěr yě shì qiān lǐ yǎn kě
可视电话既是“顺风耳”也是“千里眼”。可
shì diàn huà hái kě chuán sòng wén jiàn hé tú piàn cóng ér mǎn zú le
视电话还可传送文件和图片，从而满足了
rén men yì biān tōng huà yì biān kàn dào duì fāng de yāo qiú
人们一边通话、一边看到对方的要求。

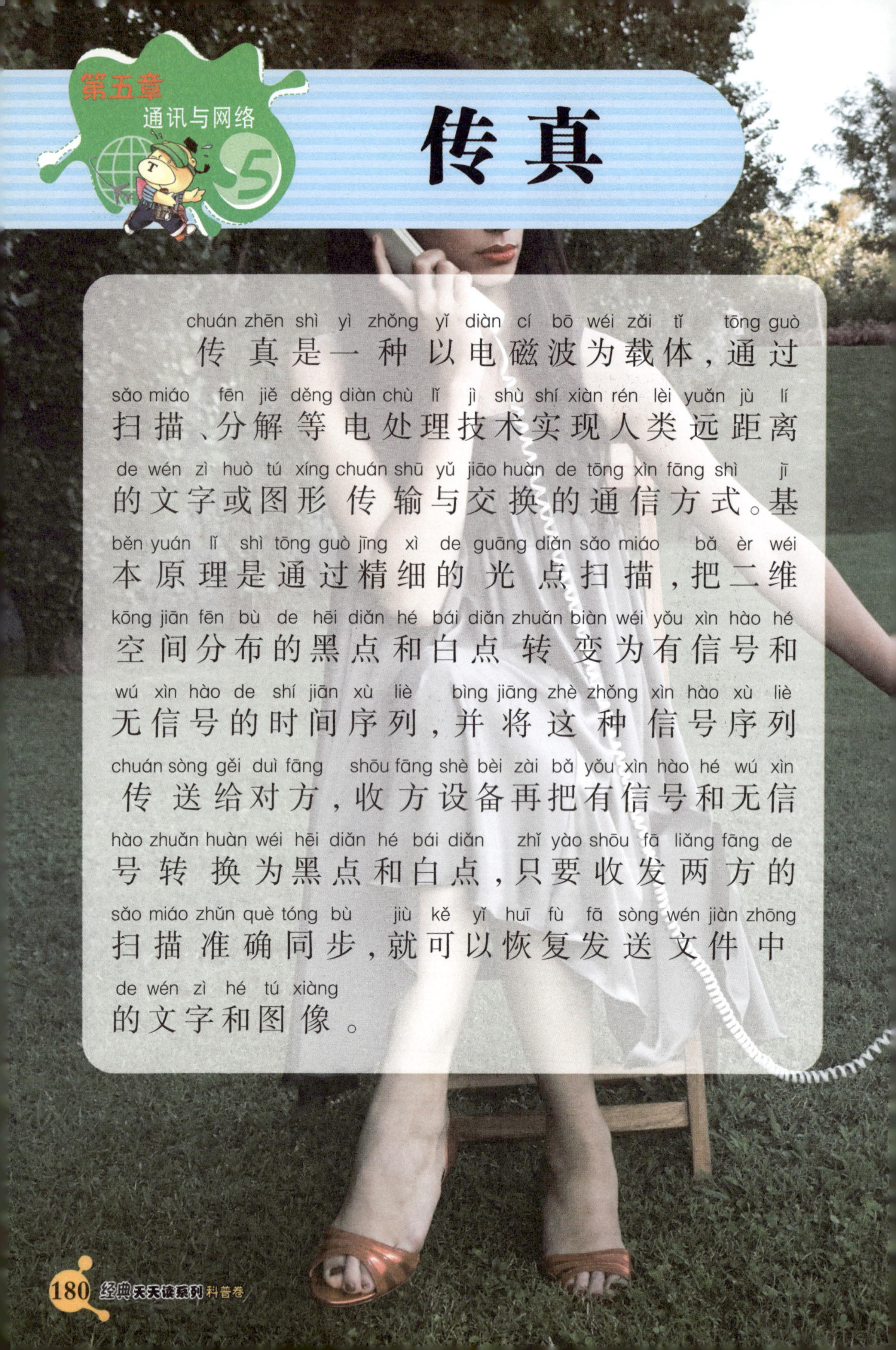



# 传真

chuán zhēn shì yì zhǒng yǐ diàn cí bō wéi zǎi tǐ tōng guò
传真是一种以电磁波为载体，通过
sǎo miáo fēn jiě děng diàn chù lǐ jì shù shí xiàn rén lèi yuǎn jù lí
扫描、分解等电处理技术实现人类远距离
de wén zì huò tú xíng chuán shū yǔ jiāo huàn de tōng xìn fāng shì jī
的文字或图形传输与交换的通信方式。基
běn yuán lǐ shì tōng guò jīng xì de guāng diǎn sǎo miáo bǎ èr wéi
本原理是通过精细的光点扫描，把二维
kōng jiān fēn bù de hēi diǎn hé bái diǎn zhuǎn biàn wéi yǒu xìn hào hé
空间分布的黑点和白点转变为有信号和
wú xìn hào de shí jiān xù liè bìng jiāng zhè zhǒng xìn hào xù liè
无信号的时间序列，并将这种信号序列
chuán sòng gěi duì fāng shōu fāng shè bèi zài bǎ yǒu xìn hào hé wú xìn
传送给对方，收方设备再把有信号和无信
hào zhuǎn huàn wéi hēi diǎn hé bái diǎn zhǐ yào shōu fā liǎng fāng de
号转换为黑点和白点，只要收发两方的
sǎo miáo zhǔn què tóng bù jiù kě yǐ huī fù fā sòng wén jiàn zhōng
扫描准确同步，就可以恢复发送文件中
de wén zì hé tú xiàng
的文字和图像。

## 知识加油站

传真机要避免受到阳光直射、热辐射，及强磁场、潮湿、灰尘多的环境，防止水或化学液体流入传真机，以免损坏电子线路及器件。

# 电子邮件

电子邮件是一种发送者和接收者之间利用通信网络进行文本、数据、图像或语言等信息的非交互式通信，通常称为E-mail。与邮政系统相比，电子邮件系统具有迅速、高效、多样性等优点；又因为电子邮件的收发无须发送者和接收者

**电子邮件**

电子邮件地址的格式由三部分组成：第一部分是用户信箱的账号；第二部分“@”是分隔符；第三部分是用户信箱的邮件接收服务器域名，用以标志其所在的位置。

**智慧讲堂**

tóng shí zài chǎng tū pò
同时在场，突破
le chuán tǒng diàn huà xì
了传统电话系
tǒng de shí jiān xiàn zhì
统的时间限制，
shǐ diàn zǐ yóu jiàn hěn kuài
使电子邮件很快
dé yǐ pǔ jí
得以普及。

## 电子邮件选择

在选择电子邮件服务商时，我们要根据自己不同的目的有针对性地去选择。

# 卫星通信

wèi xīng tōng xìn shì lì yòng tōng xìn wèi xīng zuò wéi zhōng zhuǎn
卫星通信是利用通信卫星作为中转
zhàn shí xiàn dì qiú shang gè diǎn zhī jiān de tōng xìn gè wèi xīng
站实现地球上各点之间的通信。各卫星
tōng xìn dì qiú zhàn xiàng tōng xìn wèi xīng chuán shū shàng xíng xiàn lù
通信地球站向通信卫星传输上行线路
xìn hào jīng tōng xìn wèi xīng jiē shōu bìng xiàng gè gè wèi xīng tōng xìn
信号，经通信卫星接收并向各个卫星通信
dì qiú zhàn zhuǎn fā xià xíng xiàn lù xìn hào cóng ér shí xiàn le gè
地球站转发下行线路信号，从而实现了各
wèi xīng tōng xìn dì qiú zhàn zhī jiān de tōng xìn tōng xìn wèi xīng jū
卫星通信地球站之间的通信。通信卫星居
gāo lín xià jīng tā zhuǎn fā de wú xiàn diàn bō néng jiào hǎo de jiāng
高临下，经它转发的无线电波能较好地将
dì qiú biǎo miàn
地球表面
fù gài yīn ér
覆盖，因而
shì shí xiàn rén men
是实现人们
yí dòng tōng xìn
移动通信
de lǐ xiǎng zhōng
的理想中
jì zhàn
继站。

卫星信号接收器

## 卫星电视接收器

卫星电视接收器俗称“锅”，它是一种能够接收卫星电视节目信号的装置。中国法律规定生产、销售和安装卫星电视接收器均属于违法行为。

智慧讲堂

# 光纤 通信

guāng xiān tōng xìn shì lì yòng guāng bō zài guāng dǎo xiān wéi
光纤通信是利用光波在光导纤维
zhōng chuán shū xìn xī de tōng xìn fāng shì zhǔ yào yòng yú shù zì
中传输信息的通信方式，主要用于数字
tōng xìn hé mó nǐ tōng xìn zài fā sòng duān yòng bàn dǎo tǐ jī
通信和模拟通信。在发送端，用半导体激
guāng èr jí guǎn bǎ diàn néng zhuǎn biàn chéng jī guāng rán hòu
光二极管把电能转变成激光，然后
tōng guò guāng xiān chuán sòng dào dá jiē shōu duān hòu yòng tài
通过光纤传送；到达接收端后，用太
yáng néng diàn chí zuò wéi jiē shōu qì jiāng zhào shè dào tài yáng néng
阳能电池作为接收器，将照射到太阳能
diàn chí shang de guāng biàn chéng diàn néng yǔ qí tā tōng xìn xì
电池上的光变成电能。与其他通信系
tǒng xiāng bǐ guāng xiān tōng xìn xì tǒng jù yǒu kě yòng pín dài
统相比，光纤通信系统具有可用频带
kuān chuán shū xìn hào róng liàng dà bú shòu wài jiè diàn cí gān
宽、传输信号容量大、不受外界电磁干
rǎo bǎo mì xìng hǎo chéng běn dī děng yōu diǎn
扰、保密性好、成本低等优点。

## 知识加油站

宽带路由器是近几年来新兴的一种网络产品，它伴随着宽带的普及应运而生。宽带路由器在一个紧凑的箱子中集成了路由器、防火墙、带宽控制和管理等功能。

光纤电缆

# 微波通信

wēi bō tōng xìn shì wú xiàn diàn
微波通信是无线电
tōng xìn de yì zhǒng wēi bō tōng xìn
通信的一种。微波通信
shǐ yòng de bō cháng wéi háo mǐ zhì
使用的波长为1毫米至
mǐ zuǒ yòu tā bú xiàng duǎn
1米左右，它不像短
bō nà yàng néng gòu jiè zhù yú
波那样，能够借助于
diàn lí céng fǎn shè chuán dào yuǎn
电离层反射传到远
fāng yě bú xiàng zhōng cháng
方，也不像中、长
bō nà yàng néng rào guò gāo shān
波那样能绕过高山
huò gāo dà jiàn zhù wù wēi bō zài
或高大建筑物。微波在
zì yóu kōng jiān nèi shì zhí
自由空间内是直
xiàn chuán bō de yóu yú dì
线传播的，由于地
qiú biǎo miàn shì yí gè qǔ
球表面是一个曲
miàn suǒ yǐ chuán bō de
面，所以传播的

## 知识加油站

微波塔又称为微波铁塔、微波通信铁塔，多建于地面、楼顶、山顶。微波塔承风能力强，塔架多采用角钢材料辅以钢板材料，也可全部采用钢管材料组成。

jù lí hěn duǎn bì xū měi gé qiān mǐ zuǒ yòu shè zhì yí
距离很短。必须每隔50千米左右设置一
gè zhōng jì zhàn bǎ qián yí zhàn sòng lái de xìn hào jīng guò
个中继站，把前一站送来的信号经过
fàng dà hòu zài sòng dào xià yí zhàn
放大后，再送到下一站。

# 硬盘

硬盘是电脑主要的存储媒介之一，由一个或者多个铝制或者玻璃制的碟片组成。这些碟片外覆盖有铁磁性材料。绝大多数硬盘都是固定硬盘，被永久性地密封固定在硬盘驱动器中。硬盘有固态硬盘、机械硬盘和混合硬盘三种。

## 头脑风暴

随着互联网日新月异地发展，应用越来越广泛，硬盘的发展趋势逐渐转变为体积最小化、容量最大化、数据的存取速度快、整合多种技术、安全存储等。

yìng pán shì diàn
硬盘是电

nǎo de zhǔ yào cún chǔ
脑的主要存储

qì zài shǐ yòng qián
器。在使用前

xū yào tōng guò zhuān
需要通过专

mén de chéng xù jiàn
门的程序建

lì yí dìng de gé shì fāng shì cái néng cún qǔ shù jù zhè ge guò
立一定的格式方式才能存取数据，这个过

chéng chēng wéi gé shì huà mù qián jiào wéi xiān jìn de yìng pán hái
程称为格式化。目前，较为先进的硬盘还

yǒu pán hé yí dòng yìng pán děng
有U盘和移动硬盘等。

# CPU

## 电子计算机的核心

CPU是电子计算机的核心配件，虽然只有火柴盒那么大，几十张纸那么厚，但它却是一台计算机的运算核心和控制核心。

CPU（Central Processing Unit）即中央处理器，是电脑的核心部分，是电脑进行数据运算和工作控制的设备。CPU由运

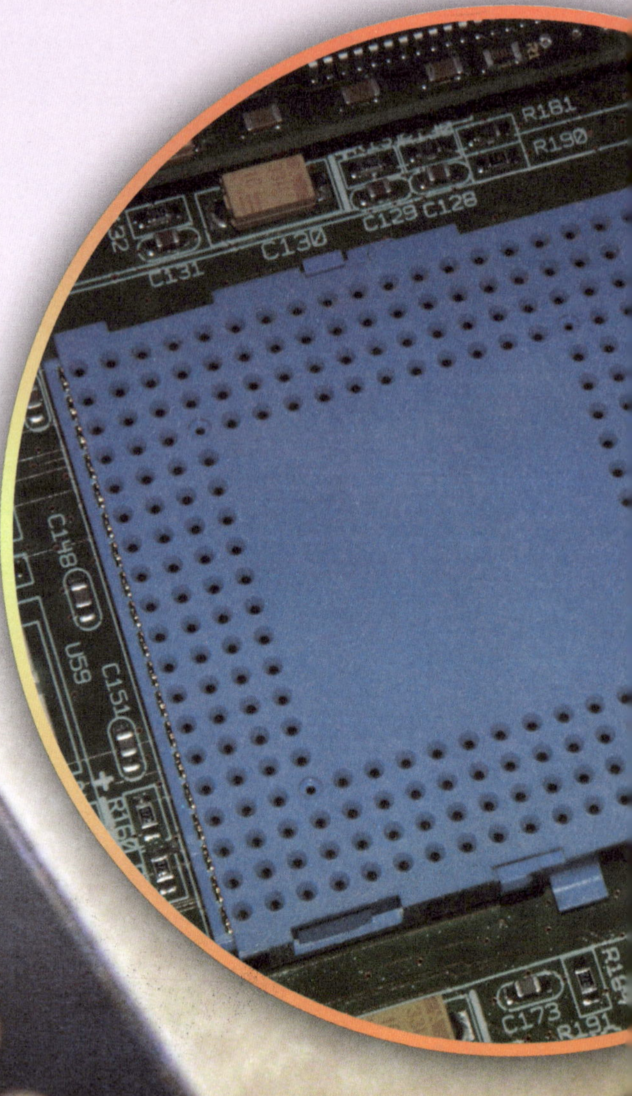

suàn qì hé kòng zhì qì zǔ chéng yùn suàn qì yòng lái duì shù jù
算器和控制器组成：运算器用来对数据
jìn xíng gè zhǒng suàn shù yùn suàn hé luó jí yùn suàn yě kě chēng
进行各种算术运算和逻辑运算，也可称
wéi zhí xíng dān wèi kòng zhì qì shì zhǐ huī zhōng xīn tā fù zé
为执行单位；控制器是指挥中心，它负责
jiě shì zhǐ lìng de hán yì
解释指令的含义、
kòng zhì yùn suàn qì jí qí tā
控制运算器及其他
bù jiàn de gōng zuò jì lù
部件的工作、记录
nèi bù zhuàng tài děng
内部状态等。

CPU的运作原理可分为四个阶段：提取、解码、执行和写回。

# 电脑病毒

diàn nǎo bìng dú shì yì zhǒng diàn nǎo chéng xù tā shì rén
电脑病毒是一种电脑程序，它是人
wéi biān zhì de shì néng duì diàn nǎo xì tǒng jìn xíng pò huài de
为编制的，是能对电脑系统进行破坏的
chéng xù diàn nǎo bìng dú néng gòu yǐn cáng zài qí tā chéng xù
程序。电脑病毒能够隐藏在其他程序
zhōng yù dào fú hé shì xiān biān dìng de chéng xù jī huó huán jìng
中，遇到符合事先编定的程序激活环境
jiù huì duì diàn nǎo jìn xíng pò huài huó dòng diàn nǎo bìng dú fēn wéi
就会对电脑进行破坏活动。电脑病毒分为
è xìng hé liáng xìng liǎng zhǒng liáng xìng bìng dú fā zuò shí bìng bú
恶性和良性两种，良性病毒发作时并不
pò huài diàn nǎo zhǐ shì jìn xíng yì xiē è zuò jù rú xiǎn shì yì
破坏电脑，只是进行一些恶作剧，如显示一
xiē wén zì yǎn zòu yí duàn yīn yuè děng děng è xìng bìng dú zé
些文字、演奏一段音乐等等；恶性病毒则
duì diàn nǎo xì tǒng dà sì pò huài wǎng wǎng zào chéng wén jiàn sǔn
对电脑系统大肆破坏，往往造成文件损
huài shù jù diū shī yán zhòng shí shèn zhì huì sǔn huài jī qì
坏、数据丢失，严重时甚至会损坏机器。

## 知识加油站

熊猫烧香是一种经过多次变种的电脑病毒，2007 年 1 月初肆虐网络，它主要通过下载的档案进行传播，对计算机程序和系统产生严重的破坏。

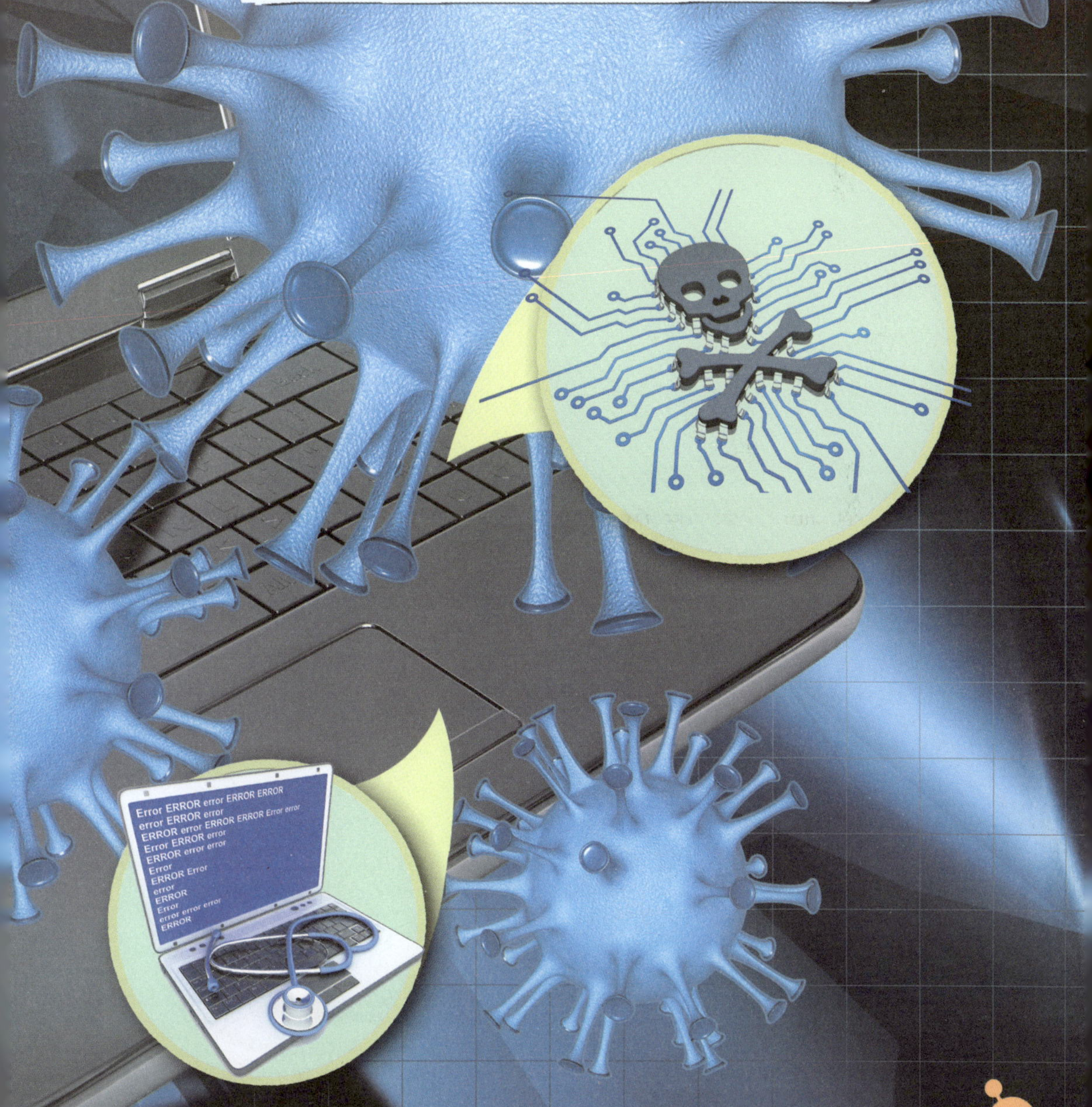

# 软件

ruǎn jiàn shì yí xì liè
软件是一系列
àn zhào tè dìng shùn xù zǔ
按照特定顺序组
zhī de jì suàn jī shù jù hé
织的计算机数据和
zhǐ lìng de jí hé tǐ jiǎn
指令的集合体。简
dān de shuō ruǎn jiàn jiù shì chéng xù jiā wén dàng de jí hé tǐ
单地说，软件就是程序加文档的集合体。
shǐ yòng diàn nǎo jiù shì tōng guò shǐ yòng diàn nǎo ruǎn jiàn lái ràng diàn
使用电脑就是通过使用电脑软件来让电
nǎo wèi rén men gōng zuò de
脑为人们工作的。

### 软件

不同的软件一般都有对应的软件授权，软件的用户必须在同意所使用软件的许可证的情况下才能够合法地使用软件。软件大致可分为专属软件、自由软件、共享软件、免费软件、公共软件。

**智慧讲堂**

diàn nǎo ruǎn jiàn
电脑软件
fēn wéi xì tǒng ruǎn jiàn
分为系统软件
hé yìng yòng ruǎn jiàn liǎng
和应用软件两
zhǒng xì tǒng ruǎn jiàn
种，系统软件
zhǐ wèi zhěng gè diàn nǎo
指为整个电脑
xì tǒng pèi zhì de bù yī lài yú jù tǐ huán jìng de ruǎn jiàn yìng
系统配置的、不依赖于具体环境的软件。应
yòng ruǎn jiàn zhǐ yìng yòng yú tè dìng lǐng yù wán chéng tè dìng gōng
用软件指应用于特定领域、完成特定功
néng de zhuān yòng ruǎn jiàn
能的专用软件。

# 显示器

xiǎn shì qì shì diàn nǎo de zhǔ yào shū chū shè bèi měi tái diàn
显示器是电脑的主要输出设备，每台电
nǎo dōu pèi yǒu yì tái xiǎn shì qì yòng yǐ xiàng yòng hù xiǎn shì yùn
脑都配有一台显示器，用以向用户显示运
xíng jié guǒ hé xiāng guān xìn xī xiǎn shì qì yǒu liǎng zhǒng yè jīng
行结果和相关信息。显示器有两种：液晶
xiǎn shì qì hé xiǎn shì qì yè jīng xiǎn shì qì tǐ jī xiǎo
显示器和CRT显示器。液晶显示器体积小、

**CRT**

CRT显示器是一种使用阴极射线管的显示器，曾是应用最广泛的显示器之一。

## 知识加油站

非专业人员维修计算机显示器的时候，一定要当心，即使显示器的时候，要谨记即使显示器关闭了很长时间，其内部的某个部件依旧可能带有大约 1 000 伏的高压，这种高压能够导致严重的人身伤害。

zhòng liàng qīng　xiǎn shì xiào guǒ hǎo　fú shè dī　hào diàn xiǎo　dàn
重量轻、显示效果好、辐射低、耗电小，但
jià gé jiào　xiǎn shì qì gāo　mù qián zhèng zhú bù qǔ dài
价格较CRT显示器高，目前正逐步取代CRT
xiǎn shì qì　xiǎn shì qì shǐ yòng cǎi sè xiǎn xiàng guǎn　tǐ
显示器。CRT显示器使用彩色显像管，体
jī hé hào diàn liàng dōu dà yú yè jīng xiǎn shì qì　dàn　xiǎn shì
积和耗电量都大于液晶显示器，但CRT显示
qì jià gé jiào dī　tú xiàng zhì liàng yě hěn hǎo
器价格较低，图像质量也很好。

# 笔记本 电脑

bǐ jì běn diàn
笔记本电
nǎo de yīng wén míng shì
脑的英文名是
shì
Note Book，是20
shì jì nián dài fā
世纪90年代发
zhǎn qi lái de yì
展起来的一
zhǒng tǐ jī xiǎo
种体积小、
zhòng liàng qīng xié dài fāng biàn de gè rén diàn nǎo yòu chēng shǒu
重量轻、携带方便的个人电脑，又称手
tí diàn nǎo zhè zhǒng diàn nǎo yì bān zhǐ yǒu gōng wén bāo dà xiǎo
提电脑。这种电脑一般只有公文包大小，
zhòng liàng bù chāo guò qiān kè rén men wài chū shí néng shǐ yòng
重量不超过5千克，人们外出时能使用
diàn nǎo chá yuè zī liào bàn
电脑查阅资料、办
gōng tōng guò wú xiàn shàng
公，通过无线上
wǎng shè bèi hái néng lián jiē
网设备还能连接
wǎng luò bǐ jì běn diàn nǎo
网络。笔记本电脑

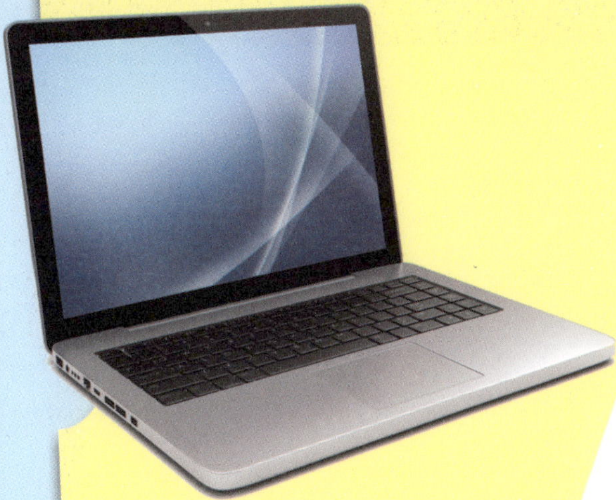

## 知识加油站

与普通笔记本电脑先比，超薄笔记本具有体积小、厚度薄、重量轻、开机快和续航能力强的特点。超薄笔记本尺寸多为10.2英寸~13.3英寸，重量小于2千克，续航能力达3小时以上。

jī hū jù bèi tái shì diàn nǎo de suǒ yǒu gōng néng qí fā zhǎn
几乎具备台式电脑的所有功能，其发展

qū shì shì tǐ jī yuè lái yuè xiǎo zhòng liàng yuè lái yuè qīng
趋势是体积越来越小，重量越来越轻，

ér gōng néng què yuè lái yuè qiáng dà
而功能却越来越强大。

# 掌上电脑

zhǎng shang diàn nǎo shì yì zhǒng chāo wēi xíng jì suàn jī
掌上电脑是一种超微型计算机，
shì jì bǐ jì běn diàn nǎo yǐ hòu jì suàn jī xiǎo xíng huà de yòu yì
是继笔记本电脑以后计算机小型化的又一
chéng guǒ zhǎng shang diàn nǎo yì bān zhǐ yǒu shǒu zhǎng dà xiǎo
成果。掌上电脑一般只有手掌大小，
kě yǐ zhuāng rù kǒu dài zhòng liàng wéi kè kè
可以装入口袋，重量为500克~1 000克。
zhǎng shang diàn nǎo qǔ xiāo le chuán tǒng de jiàn pán shǔ biāo děng
掌上电脑取消了传统的键盘、鼠标等
shū rù shè bèi qǔ ér dài zhī de shì tè zhì de shū rù bǐ zhí
输入设备，取而代之的是特制的输入笔，直
jiē zài yè jīng píng mù shang shǒu xiě shū rù wén zì tú àn fú
接在液晶屏幕上手写输入文字、图案，符
hé rén men de shū xiě xí guàn fēi cháng yì yú shǐ yòng zhǎng
合人们的书写习惯，非常易于使用。掌
shang diàn nǎo kě yǐ bāng zhù rén men wán chéng zài yí dòng zhōng
上电脑可以帮助人们完成在移动中
gōng zuò xué xí hé yú lè
工作、学习和娱乐。

## 知识加油站

掌上电脑的功能大体是一样的，主要可以用来记事、文档编辑、玩游戏、播放多媒体、通过内置或外置无线网卡上网等。通过许多第三方软件，还可以看电子书、图像处理、外接 GPS 导航等。

▲ 掌上电脑

国际

# 互联网

guó jì hù lián wǎng yòu jiào yīn tè wǎng tā jiāng quán shì jiè de wǎng luò lián jiē zài yì qǐ ér chéng wéi yí gè quán qiú xìng wǎng luò wú lùn shì jiè shang de nǎ yí gè dì fang zhǐ yào jiāng diàn nǎo lián rù guó jì hù lián wǎng biàn kě huò qǔ wǎng shang xìn xī hé zī yuán

国际互联网又叫因特网，它将全世界的网络连接在一起而成为一个全球性网络。无论世界上的哪一个地方，只要将电脑联入国际互联网，便可获取网上信息和资源。

yīn tè wǎng yǒu liǎng dà yòng tú chá yuè gè lèi wǎng yè hé shōu fā xìn hán

因特网有两大用途：查阅各类网页和收发信函。

## 头脑风暴

互联网电视是一种利用宽带有线电视网，集互联网、多媒体、通讯等多种技术于一体，向各家庭互联网电视用户提供包括数字电视在内的多种交互式服务的崭新技术。

光纤是互联网系统中必不可少的物质构成之一

guó jì hù lián
国际互联
wǎng de qián shēn shì měi
网的前身是美
guó chū yú guó fáng xū
国出于国防需
yào jiàn lì de yí gè yán
要建立的一个研
jiū hé shí yàn xìng de wǎng luò hòu lái zhú bù fā zhǎn chéng wéi mín
究和实验性的网络，后来逐步发展成为民
yòng tōng xìn wǎng luò bìng yǔ shì jiè shang qí tā guó jiā de wǎng
用通信网络，并与世界上其他国家的网
luò shí xiàn le hù lián
络实现了互联。

# 黑客

hēi kè shì yīng wén yì cí de yīn yì zuì chū
黑客是英文“hacker”一词的音译，最初
yuán yú měi guó má shěng lǐ gōng xué yuàn yì si shì zhǐ diàn nǎo xì
源于美国麻省理工学院，意思是指电脑系
tǒng fēi fǎ rù qīn zhě hēi kè dà duō duì diàn nǎo fēi cháng chī mí
统非法入侵者。黑客大多对电脑非常痴迷，
jù yǒu jiào gāo de diàn nǎo jì shù yīn ér néng tū pò wǎng luò zhōng
具有较高的电脑技术，因而能突破网络中
de yì xiē fáng hù chéng xù ér chuǎng rù mǒu xiē jìn qū kāi wán
的一些防护程序而闯入某些禁区，开玩
xiào gǎo è zuò jù shèn zhì gàn yì xiē wéi fǎ de shì qíng
笑、搞恶作剧，甚至干一些违法的事情。

rén men yīng gāi yùn yòng diàn nǎo zhī shi gèng hǎo de gōng zuò
人们应该运用电脑知识更好地工作
hé shēng huó ér bú shì yǐ
和生活，而不是以
pò huài wǎng luò shè shī qiè
破坏网络设施、窃
qǔ xìn xī zī liào wéi lè
取信息资料为乐，
gèng bù néng suí yì qīn fàn tā
更不能随意侵犯他
rén quán yì fǒu zé jiāng huì
人权益，否则将会
shòu dào fǎ lǜ de zhì cái
受到法律的制裁。

## 黑客的诞生

黑客最早开始于20世纪50年代，最早的计算机于1946年在宾夕法尼亚大学诞生，而最早的黑客出现于麻省理工学院。最初的黑客一般都是一些高级的技术人员，他们热衷于挑战、崇尚自由并主张信息的共享。

智慧讲堂

▲有些黑客会通过网络盗取他人的钱财

▼黑客的犯罪行为一般十分隐秘

# 防火墙

防火墙是指为防止病毒或非法破坏者入侵到内部网络而采取的一种技术措施。防火墙由一些专门负责安全和检验工作的硬件和软件组成。它处于内部网络和外部网络之间，所有的内外网络数据的交换都要经过防火墙的处理。设置防火墙可以拒绝从外部可疑地址发送的数据请求，也能阻止内部关键数据传出内部网络系统。

## 隔离技术

在网络中，所谓“防火墙”，是指一种将内部网和公众访问网分开的方法，它实际上是一种隔离技术。

### 知识加油站

防火墙的本义是指古代构筑和使用木制结构房屋的时候，为防止火灾的发生和蔓延，人们将坚固的石块堆砌在房屋周围作为屏障，这种防护构筑物就被称之为“防火墙”。

# 网络

## 游戏

wǎng luò yóu xì
网络游戏
yīng wén míng chēng wéi
英文名称为
zhǐ yǐ
Online Game，指以
hù lián wǎng wéi chuán shū
互联网为传输
méi jiè yǐ yóu xì yùn
媒介，以游戏运
yíng shāng fú wù qì hé
营商服务器和
yòng hù jì suàn jī wéi
用户计算机为
chǔ lǐ zhōng duān yǐ yóu xì kè hù duān ruǎn jiàn wéi xìn xī jiāo hù
处理终端，以游戏客户端软件为信息交互
chuāng kǒu de zhǐ zài shí xiàn yú lè xiū xián jiāo liú hé qǔ dé
窗口的旨在实现娱乐、休闲、交流和取得
xū nǐ chéng jiù de jù
虚拟成就的具
yǒu kě chí xù gè tǐ
有可持续个体
xìng de duō rén zài xiàn
性的多人在线
yóu xì
游戏。

### 防沉迷

网络游戏防沉迷系统旨在解决未成年人沉迷网络游戏的现状，该系统中的未成年玩家如游玩时间超过三小时，游戏将会提出警示，并通过经验值、收益减半等方式促使玩家下线休息。

智慧讲堂

**E1 UPSELL PRO RECUR-zztexts-grandview-heights-43212**

| Title | Code | Q. |
|---|---|---|
| Daily Reading Classic Series (Volume science): Secret power of technology(Chinese Edition) [Paperback] [2014] CUI ZHONG LEI BIAN | 7538664106 | 1 |
| Comments | | |

wǎng luò yóu
网络游

xì yì bān zhǐ yóu duō
戏一般指由多

míng wán jiā tōng guò
名玩家通过

jì suàn jī wǎng luò
计算机网络

zài xū nǐ de huán
在虚拟的环

jìng xià duì rén wù jué
境下对人物角

sè jí chǎng jǐng àn zhào yí dìng de guī zé jìn xíng cāo zuò yǐ dá
色及场景按照一定的规则进行操作以达

dào yú lè hé hù dòng mù dì de yóu xì chǎn pǐn jí hé
到娱乐和互动目的的游戏产品集合。

# 网络 犯罪

wǎng luò fàn zuì shì zhǐ rén wéi yùn yòng jì suàn jī jì shù
网络犯罪是指人为运用计算机技术，
jiè zhù yú wǎng luò duì qí tā xì tǒng huò xìn xī jìn xíng gōng jī
借助于网络对其他系统或信息进行攻击、
pò huài huò lì yòng wǎng luò jìn xíng qí tā fàn zuì de zǒng chēng
破坏或利用网络进行其他犯罪的总称。

wǎng luò fàn zuì shì zhēn duì hé lì yòng wǎng luò jìn xíng de
网络犯罪是针对和利用网络进行的
fàn zuì wǎng luò fàn zuì de běn zhì tè zhēng shì wēi hài wǎng luò jí
犯罪，网络犯罪的本质特征是危害网络及
qí xìn xī de ān quán yǔ zhì xù rú lì yòng xū jiǎ xìn xī jìn
其信息的安全与秩序，如利用虚假信息进
xíng wǎng shang zhà piàn dào qiè wǎng shang yín háng de zī jīn dà
行网上诈骗、盗窃网上银行的资金、大
sì pò huài wǎng luò xì tǒng de wǎng luò kǒng bù huó dòng děng
肆破坏网络系统的网络恐怖活动等。

## 知识加油站

防范网络犯罪首先应当依靠技术手段，以技术治网，主要措施有防火墙技术、数据加密技术、掌上指纹扫描仪和通信协议。通信协议通过改进通信协议增加网络安全功能，是改善网络措施的又一条途径。

# 网上购物

wǎng shang gòu wù jiù shì tōng guò hù lián wǎng jiǎn suǒ shāng
网上购物就是通过互联网检索商
pǐn xìn xī bìng tōng guò diàn zǐ dìng gòu dān fā chū gòu wù qǐng qiú
品信息，并通过电子订购单发出购物请求，
rán hòu tián xiě sī rén zhī piào zhàng hào huò xìn yòng kǎ de hào mǎ
然后填写私人支票账号或信用卡的号码，
chǎng shāng tōng guò yóu gòu de fāng shì fā huò huò shì tōng guò kuài
厂商通过邮购的方式发货，或是通过快

### 优势之处

网上购物给用户提供方便的购买途径，只要简单的网络操作，足不出户即可送货上门，并具有完善的售后服务。

dì gōng sī sòng huò shàng mén
递公司送货上门。

wǎng shang gòu wù de fā zhǎn zhǔ yào shì dé dào le wǎng mín
网上购物的发展主要是得到了网民

de rèn kě dī jià zuò wéi hé xīn jìng zhēng lì yě shì wǎng shang
的认可，低价作为核心竞争力也是网上

gòu wù xùn sù fā zhǎn de zhòng yào yuán yīn wǎng gòu néng ràng
购物迅速发展的重要原因，网购能让

chǎn pǐn de jià gé gèng néng tòu míng huà jiǎn shǎo le hěn duō bú
产品的价格更能透明化，减少了很多不

bì yào de huán jié ràng rén men zhēn zhèng de mǎi dào chū chǎng jià de chǎn pǐn
必要的环节，让人们真正地买到出厂价的产品。

wǎng shang gòu wù yǒu hěn duō yōu diǎn kě yǐ zài jiā guàng shāng diàn dìng huò bú shòu shí jiān dì diǎn de xiàn zhì kě yǐ mǎi dào dāng dì méi yǒu de shāng pǐn cóng dìng huò mǎi huò dào huò wù shàng mén wú xū qīn lín xiàn chǎng jì shěng shí yòu shěng lì
网上购物有很多优点：可以在家“逛商店”，订货不受时间、地点的限制；可以买到当地没有的商品；从订货、买货到货物上门无须亲临现场，既省时，又省力。

## 知识加油站

我国第一宗网络购物发生在1996年的11月，购物人是加拿大驻中国大使贝详，他通过实华开公司的网点，购进了一只景泰蓝“龙凤牡丹”。早在1999年以前，中国互联网的“先知”们就开始建立B2C网站，致力于在中国推动网络购物。

1234 0000 0000 0000
0000
CARDHOLDER NAME
VALID THRU 00/00

# 电子商务

## 网上支付

网上支付是电子商务的一个重要环节，客户和商家之间可采用信用卡帐号进行支付。网上支付可省略交易中很多人员的开销，同时也需要更为可靠的安全保障措施。

diàn zǐ shāng wù shì suí yīn
电子商务是随因
tè wǎng ér chū xiàn de yì zhǒng xīn
特网而出现的一种新
de jiāo yì fāng shì diàn zǐ shāng wù
的交易方式。电子商务
fā zhǎn gǎi biàn le jiù de
发展改变了旧的
guó jì mào yì fāng shì suō
国际贸易方式，缩
jiǎn le jiāo yì chéng xù tí
减了交易程序，提
gāo le bàn shì xiào lǜ diàn
高了办事效率。电
zǐ shāng wù zhǔ yào shì zhǐ
子商务主要是指
mào yì huó dòng diàn zǐ huà
贸易活动电子化：

交易各方以电子交易方式而不是当面交换或直接面谈的方式进行商贸活动。电子商务主要涉及三方面内容：信息、电子数据交换和电子资金转账。电子商务是最先进的交易方式，将会使原有的商业模式发生改变。

电子商务即使在各国或不同的领域有不同的定义，但其关键依然是依靠着电子设备和网络技术进行的商业模式，现在的电子商务不仅仅包括其购物的主要内涵，还应包括物流配送等附带服务。

# 网络远程教育

wǎng luò yuǎn chéng jiào yù shì yǐ xiàn dài yuǎn chéng jiào yù
网络远程教育是以现代远程教育
shǒu duàn wéi zhǔ jiān róng miàn shòu hán shòu hé zì xué děng
手段为主，兼容面授、函授和自学等
chuán tǒng jiào xué xíng shì duō zhǒng méi tǐ yōu huà zǔ hé de jiào
传统教学形式，多种媒体优化组合的教
yù fāng shì
育方式。

wǎng luò yuǎn chéng jiào yù shì yì zhǒng shī shēng fēn lí fēi
网络远程教育是一种师生分离、非
miàn duì miàn zǔ zhī de jiào xué huó dòng tā shì yì zhǒng kuà xué
面对面组织的教学活动，它是一种跨学

## 适用人群和优势

使用远程教育模式的人，通常是业余进修者。由于不需要到特定地点上课，因此可以随时随地上课，可通过电视广播、互联网、辅导专线等多种不同渠道互助学习。

**智慧讲堂**

xiào kuà dì qū de jiào yù tǐ
校、跨地区的教育体
zhì hé jiào xué mó shì yǔ
制和教学模式，与
miàn shòu jiào yù xiāng bǐ
面授教育相比，
yuǎn jù lí jiào yù de yōu shì
远距离教育的优势
zài yú tā kě yǐ dǎ pò shí
在于它可以打破时
kōng de xiàn zhì tí gōng gèng duō de xué xí jī huì kuò dà jiào
空的限制、提供更多的学习机会、扩大教
xué guī mó tí gāo jiào xué zhì liàng hé jiàng dī jiào xué chéng běn
学规模、提高教学质量和降低教学成本。

## 发展现状

目前，远程教育已经成为了很多人接受高级知识教育的一种选择。

JINGDIAN TIANTIANDU XILIE

经典天天读系列

# 第六章 未来科技展望

# 能思考的机器

制造出人工智能化的计算机系统，或者造出最大限度接近人脑的逻辑推理和学习能力的机器，一直是科学家们的理想。现在一个名叫Cyc的系统正在被计算机程序员和工程师们努力地“教育”着，以期该系统能掌握一个人所应掌握的大部分知识。该项目的主要投资者是美国国防部、制药业巨头葛兰素-史克公司和微软公司创建者之一的保罗·艾伦，该项目耗费资金高达5 000万美元。

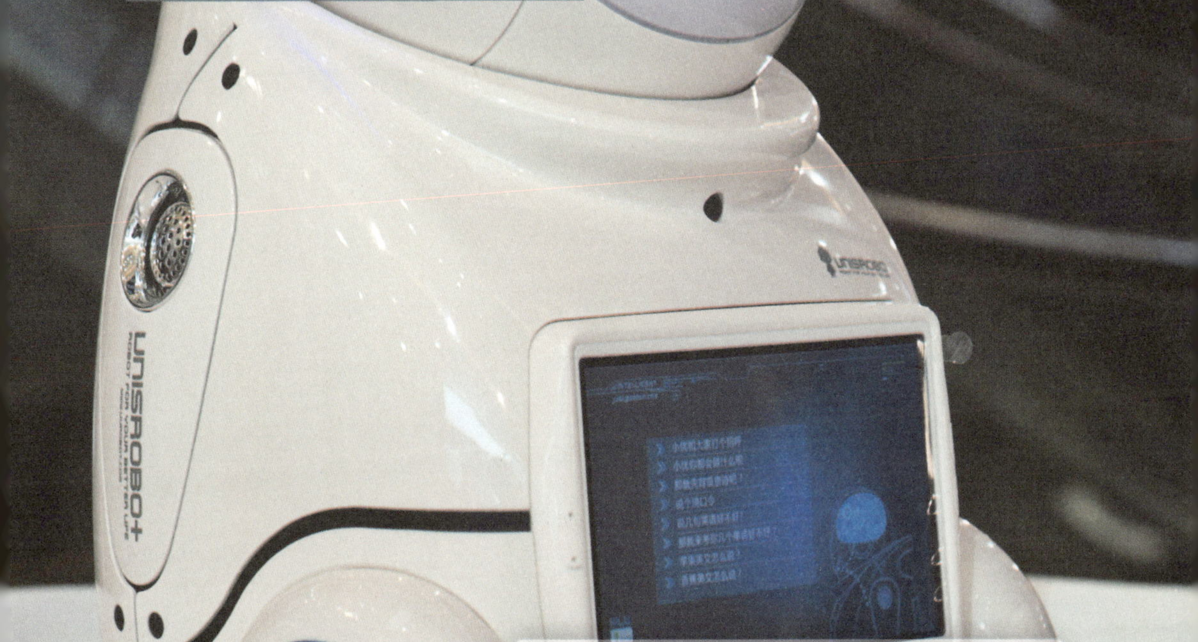


# 人工智能的发展

人类理想中的智能机器人是一种能够理解人类语言，并用人类语言同操作者进行对话，有独立思考能力的人工智能产品。目前，这一技术依旧处于研究开发阶段。

**智慧讲堂**

汽车生产车间的智能机械手臂

# 培育身体新器官

zuò wéi yì míng céng jīng zhī míng de tiān cái yùn dòng yuán kǎi
作为一名曾经知名的天才运动员，凯
sè lín wéi ěr fǎ yī yīn yùn dòng shòu shāng dǎo zhì jī jiàn yǔ
瑟琳·维尔法伊因运动受伤，导致肌腱与
rèn dài duàn liè jié shù le yùn dòng yuán shēng yá tā bǎ nǔ lì
韧带断裂，结束了运动员生涯，她把努力
fāng xiàng zhuǎn dào le lìng yí gè lǐng yù yī xué rú jīn
方向转到了另一个领域——医学。如今，
suì de wéi ěr fǎ yī yǐ shì míng ní sū dá dà xué de xuè yè
46岁的维尔法伊已是明尼苏达大学的血液

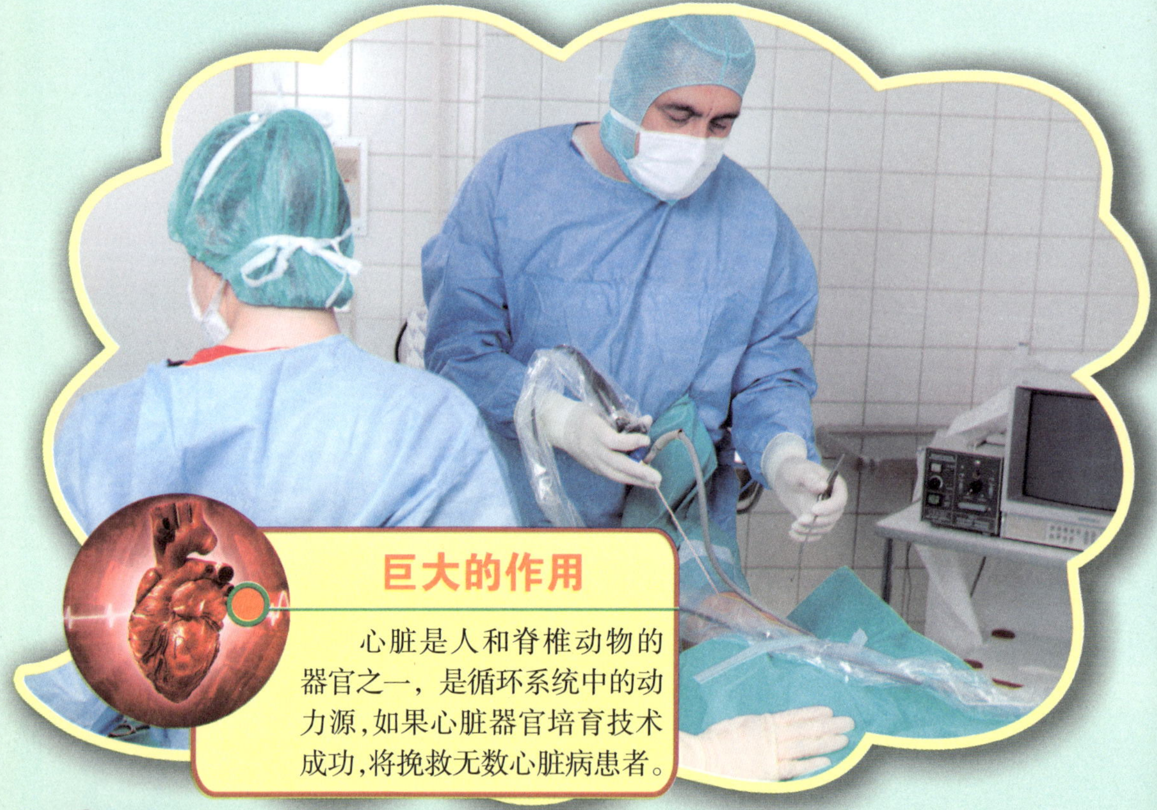

## 巨大的作用

心脏是人和脊椎动物的器官之一，是循环系统中的动力源，如果心脏器官培育技术成功，将挽救无数心脏病患者。

## 知识加油站

目前，科学家已可以人工培育软骨、鼻子、耳朵、骨骼、皮肤、血管和心脏瓣膜等器官。美国维克森林大学的安东尼·阿塔拉博士则预测2030年前将出现人造器官商店，若不幸遭遇车祸或疾病便可订购用自身细胞培育的备用器官。

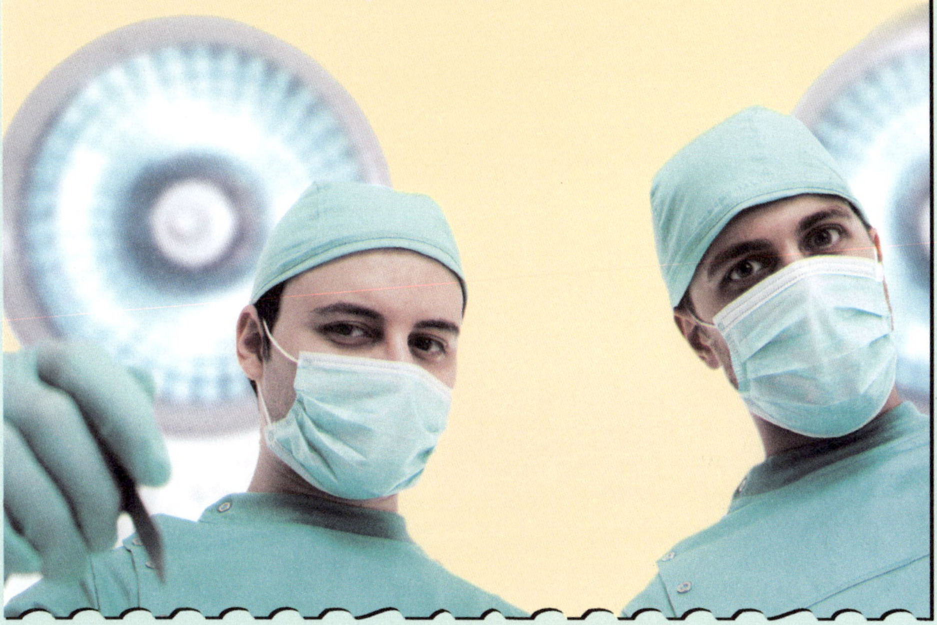

xué zhuān jiā hé zhǒng liú xué zhuān jiā yě shì shì jiè shang shǎo
学专家和肿瘤学专家，也是世界上少
shù jǐ wèi zhì lì yú yán jiū chéng nián rén de gàn xì bāo fēn huà bìng
数几位致力于研究成年人的干细胞分化并
fā yù chéng shù zhǒng bù tóng zǔ zhī de yán jiū zhě zhī yī tā rèn
发育成数种不同组织的研究者之一。她认
wéi zhè xiàng gōng zuò yě xǔ néng wèi jiāng lái de jí bìng zhì liáo dài
为这项工作也许能为将来的疾病治疗带
lái yì cháng gé mìng
来一场革命。

# 超级宝宝

kè lóng bèi kàn zuò rén lèi zhì liáo bú yùn zhèng de zuì hòu yì zhāo ér dé dào le yì xiē yī shēng hé lún lǐ xué jiā de zhī chí
克隆被看作人类治疗不孕症的最后一招而得到了一些医生和伦理学家的支持。

dàn shì zhè yí jì shù hěn kě néng huì zào chéng jī yīn chāo rén de chū xiàn rú nà xiē yāo chán wàn guàn de fù mǔ huì lì yòng zhè zhǒng jì shù tōng guò gè zhǒng fāng fǎ lái wán shàn tā men de hái zi qǐ tú tiān jiā zēng qiáng yùn dòng néng lì yǐ jí zhì lì de jī yīn cóng ér zào chéng jī yīn fù rén hé jī yīn qióng rén de shè huì chā bié
但是，这一技术很可能会造成“基因超人”的出现。如那些腰缠万贯的父母会利用这种技术通过各种方法来完善他们的孩子，企图添加增强运动能力以及智力的基因，从而造成“基因富人”和“基因穷人”的社会差别。

## 知识加油站

克隆人是用克隆技术来复制出一个和被复制的人相同基因的一个人或者部分组织，是一种无性生殖。克隆人这个术语一般用来指人工的克隆人；双胞胎是一种比较常见的通过自然复制方式来发生的“克隆”。

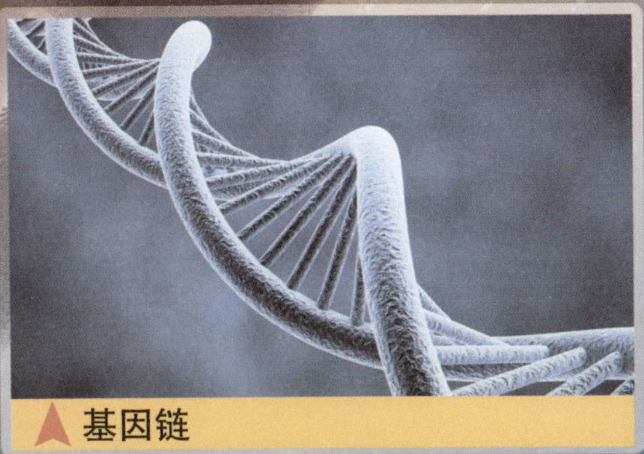

基因链

# 抗艾滋病毒物质

试验室中工作的研究人员

艾滋病由人类免疫缺陷病毒（HIV）导致，人们大都谈“艾”色变，并期望预防该病的药物能在不久的将来问世。

目前，科学家已经发现艾滋病毒将基因嵌入细胞所采用的分子机理，制药企业也已开始研制能够防止病毒入侵细胞的药

## 头脑风暴

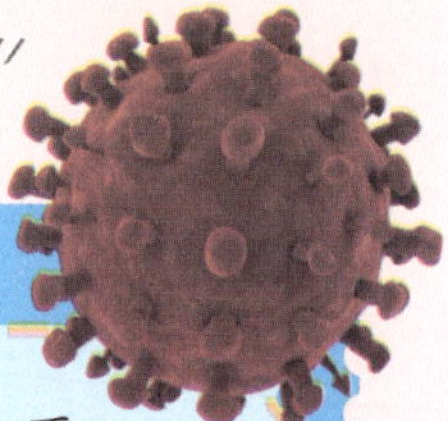

人类免疫缺陷病毒在人体外生存能力极差，不耐高温，抵抗力较低，离开人体不易生存。常温下，在体外的血液中只可生存数小时，对热敏感，在56℃条件下30分钟即失去活性。

pǐn xīn yì miáo yǒu wàng shǐ
品。新疫苗有望使
rén tǐ gòu zhù tè shū de miǎn
人体构筑特殊的免
yì xì tǒng zhì yuē ài zī bìng
疫系统，制约艾滋病
bìng dú zhè yì fā xiàn shì duì
病毒。这一发现是对
ài zī bìng yán jiū de zhòng dà
艾滋病研究的重大
tū pò hái jiāng duì rén lèi gōng kè qí tā jí bìng qǐ dào jī jí
突破，还将对人类攻克其他疾病起到积极
de zuò yòng
的作用。

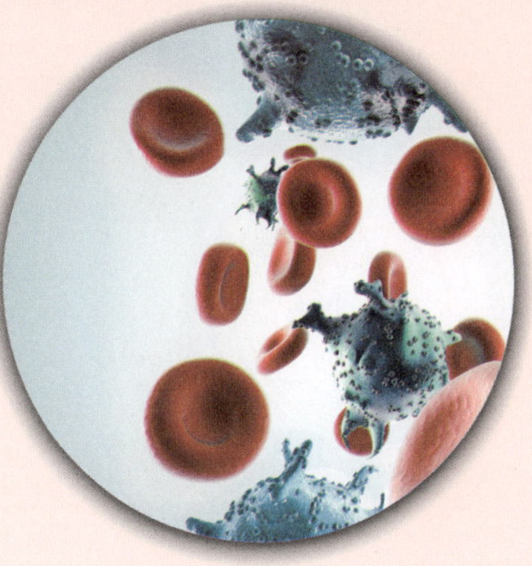

艾滋病病毒模型

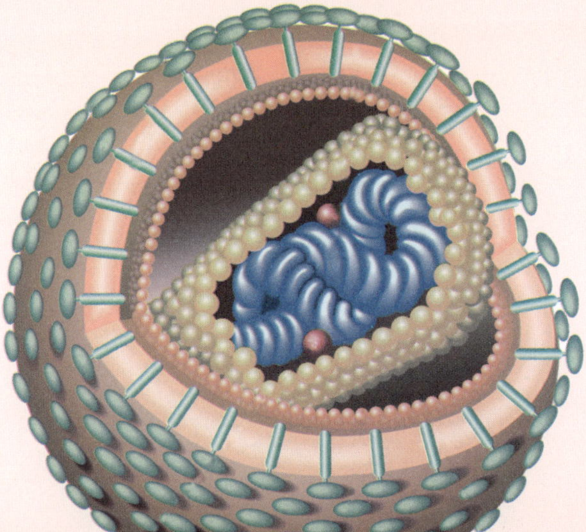

## 艾滋病病毒

艾滋病病毒主要攻击人体的辅助T淋巴细胞系统，一旦侵入机体细胞，病毒将会和细胞整合在一起终生难以消除。

# 人类基因组“初步解析”的结果

jìn lái zài yán jiū rén lèi jī yīn zǔ fāng miàn bǐ cǐ jìng
近来，在研究人类基因组方面彼此竞
zhēng de liǎng gè kē xué xiǎo zǔ yǐ fēn bié gōng bù le tā men gè
争的两个科学小组，已分别公布了他们各
zì de chū bù jiě xī chéng guǒ zhè liǎng gè kē xué jiā xiǎo zǔ de
自的初步解析成果。这两个科学家小组的
yán jiū jié guǒ biǎo míng rén tǐ de jī yīn shù mù bǐ yuán lái xiǎng
研究结果表明：人体的基因数目比原来想
xiàng de yào shǎo de duō hěn kě néng zhǐ yǒu sān wàn gè zuǒ yòu
象的要少得多，很可能只有三万个左右，
jǐn shì xiàn chóng de jī yīn shù mù de bèi duì jī yīn zǔ de
仅是线虫的基因数目的1.3倍。对基因组的
jiě xī què dìng měi gè jī yīn de bù tóng zuò yòng bìng jiā yǐ kòng
解析，确定每个基因的不同作用并加以控
zhì yǒu zhù yú rén lèi liǎo jiě jí bìng fā shēng de jī lǐ duì yīn
制，有助于人类了解疾病发生的机理，对因
jī yīn quē xiàn yǐn qǐ de bìng zhēng jìn xíng yǒu xiào de zhēn duì xìng
基因缺陷引起的病症进行有效的针对性
zhì liáo
治疗。

## 知识加油站

由美国、英国、法国、德国、中国、日本等国家的科学家组成的小组已揭开了基因组中的“垃圾”区域是如何形成，并发现这些区域中的一些基本成分可能发挥的某种有益作用。

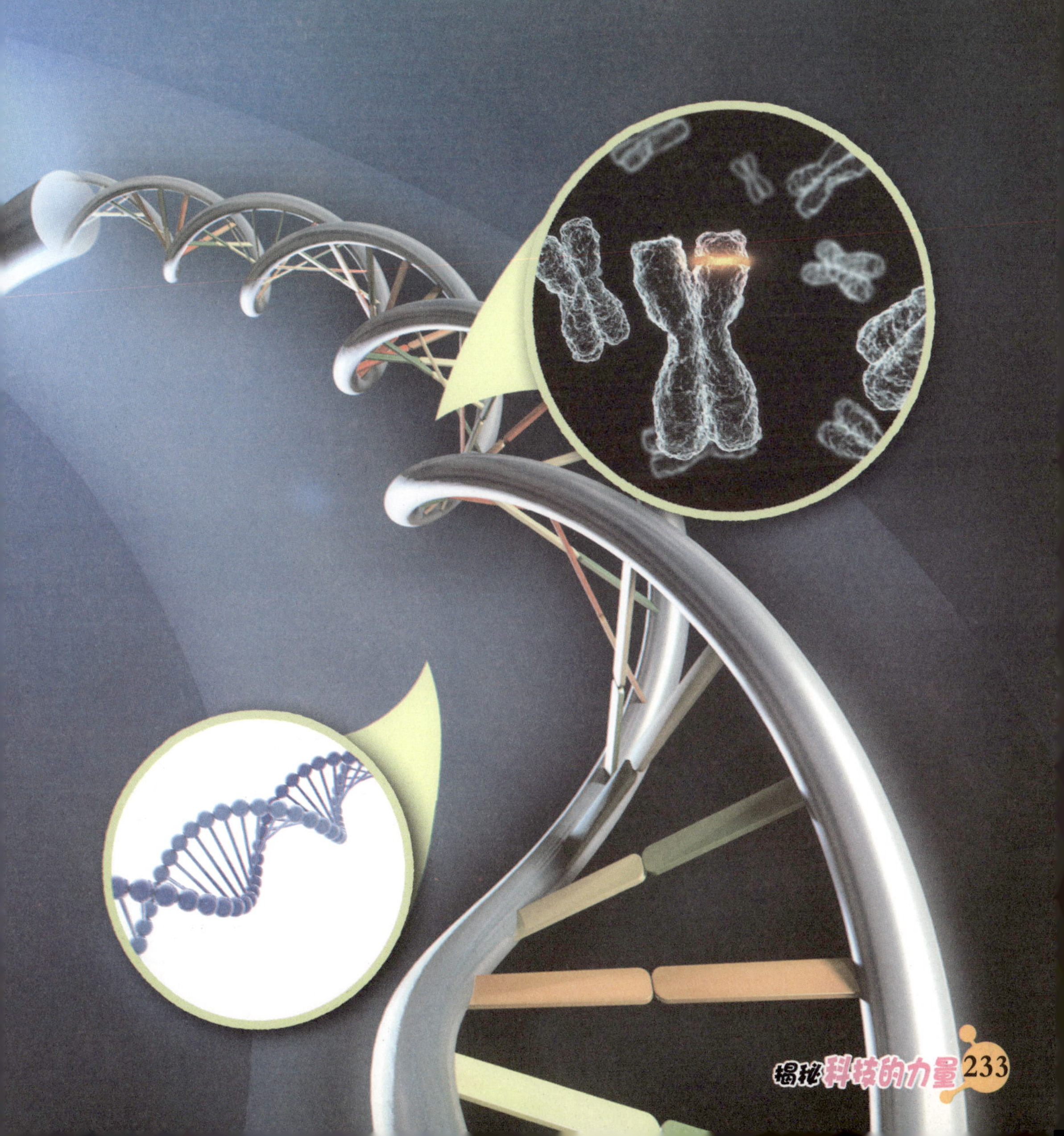

# 环保

## 技术

环境保护（简称环保）是由于生产发展导致的环境污染问题过于严重，首先引起发达国家的重视而产生的，利用国家法律法规约束和舆论宣传而逐步引起全社会

zhòng shì yóu fā dá guó jiā dào fā zhǎn zhōng guó jiā xīng qǐ de
重视，由发达国家到发展中国家兴起的
yí gè bǎo wèi shēng tài huán jìng hé yǒu xiào chǔ lǐ wū rǎn wèn tí
一个保卫生态环境和有效处理污染问题
de cuò shī
的措施。

lǜ sè huà xué shì yì
绿色化学是一
zhǒng néng gòu bǎo hù huán jìng
种能够保护环境
de huà xué jì shù qí mù biāo
的化学技术。其目标
shì tōng guò shǐ yòng zì rán néng
是通过使用自然能

环境保护是指人类为解决现实的或潜在的环境问题，协调人类与环境的关系，保障经济社会的持续发展而采取的各种行动的总称。

源，避免给环境造成负担，避免排放有害物质。绿色化学将推进以利用太阳能为目的的新能源和氢能源制造和储藏技术的开发，并在考虑到节省资源、减少废弃物排放量。在保证安全性和循环性的情况下，推进化学合成技术的开发。

## 知识加油站

家庭和办公室内的各种电器，如电视、电脑等，请在不使用时关掉电源。在待机状态下，电视机每小时平均耗电量8.07瓦，显示器7.69瓦，主机35.07瓦。关掉电源这一小小的举动既可以帮您节省电费，又能保护环境。

# 如何实现智能化

杰拉尔德·德容是伊利诺伊大学计算机科学专业的教授和研究人工智能方面的专家。他在教计算机骑自行车时，向其输入了类似“你如果向右倒，就应该将车把向右转”的原则。根据这项原则，计算机算出要直行需要将车把扭转多少度、用多大力量，以及何种速度蹬踏板。计算机能力的发展确实是按几何级数增长的，然而制造像科幻影片中这样复杂的机器人仍需要很长时间。

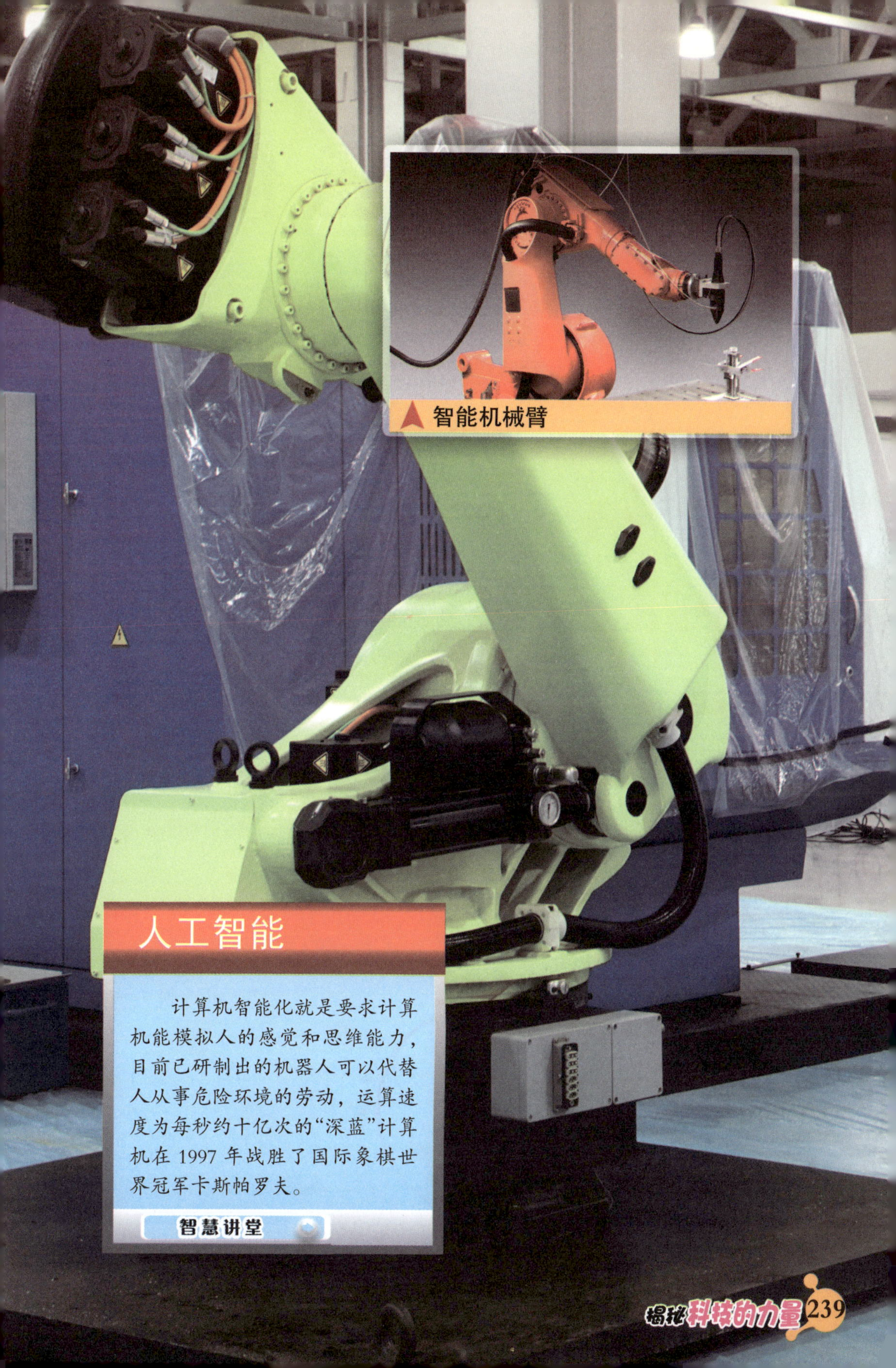

▲智能机械臂

## 人工智能

计算机智能化就是要求计算机能模拟人的感觉和思维能力，目前已研制出的机器人可以代替人从事危险环境的劳动，运算速度为每秒约十亿次的“深蓝”计算机在1997年战胜了国际象棋世界冠军卡斯帕罗夫。

智慧讲堂

南国书香节
收款章
(22)